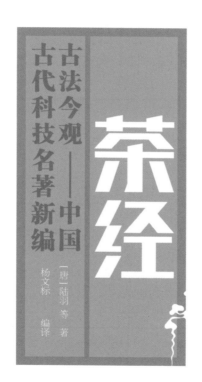

茶经

古法今观——中国古代科技名著新编

[唐]陆羽 等 著
杨文标 编译

江苏凤凰科学技术出版社

图书在版编目（CIP）数据

茶经 /（唐）陆羽等著 ；杨文标编译．— 南京 ：江苏凤凰科学技术出版社，2016.7

（古法今观 / 魏文彪主编．中国古代科技名著新编）

ISBN 978-7-5537-6760-4

Ⅰ．①茶… Ⅱ．①陆… ②杨… Ⅲ．①茶文化－中国－古代②《茶经》－译文 Ⅳ．①TS971

中国版本图书馆 CIP 数据核字（2016）第 154035 号

古法今观——中国古代科技名著新编

茶经

著　　者	[唐]陆羽　等
编　　译	杨文标
项目策划	凤凰空间／翟永梅
责任编辑	刘屹立
特约编辑	蔡伟华
出版发行	江苏凤凰科学技术出版社
出版社地址	南京市湖南路 1 号 A 楼，邮编：210009
出版社网址	http://www.pspress.cn
总 经 销	天津凤凰空间文化传媒有限公司
总经销网址	http://www.ifengspace.cn
印　　刷	北京博海升彩色印刷有限公司
开　　本	710 mm×1 000 mm　1/16
印　　张	10
字　　数	195 000
版　　次	2016 年 7 月第 1 版
印　　次	2021 年 1 月第 2 次印刷
标准书号	ISBN 978-7-5537-6760-4
定　　价	38.00 元

图书如有印装质量问题，可随时向销售部调换（电话：022—87893668）。

陆羽（733—804），字鸿渐，一名疾，字季疵，自称桑苎翁，又号东冈子、竟陵子，唐复州竟陵（今湖北天门）人。公元760年，为躲避“安史之乱”，陆羽到浙江苕溪（今浙江湖州）隐居，并在此开始认真收集、总结、研究前人的茶叶史料以及当时茶叶的生产经验，还亲自到各地调查、实践，最终约在公元780年，完成了创始之作《茶经》。陆羽《茶经》的问世，将中国的制茶、饮茶业推向第一个高峰。《茶经》也从此成为后世人们了解茶文化、学习茶文化的经典读本。

《茶经》分为十篇：“一之源”，讲述了茶的起源、形状、功用等；“二之具”，讲述了茶叶的采制工具；“三之造”，讲述了茶叶的采摘和制作；“四之器”，讲述了煮茶、饮茶的用具；“五之煮”，讲述了煮茶的方法；“六之饮”，讲述了茶的饮用；“七之事”，讲述了关于茶事的

茶　园

茶具

茶具

历史记载；“八之出”，讲述了唐代茶叶的八大产区；“九之略”，讲述了采茶、制茶时，依据环境可以省略的器具；“十之图”，讲述了《茶经》的书写和张挂。书中系统地总结了唐代及其以前的有关茶叶历史、产地、功效、栽培、采制、煎煮和饮用等方面的知识和生产实践经验，是中国古代最早、最完备的一部茶学专著，被誉为“茶叶百科全书”。此书的问世，不但使得茶叶生产从此有了比较完整的科学依据，更对中国茶文化的发展起到了巨大的推动和传播作用。所以，《茶经》既是一部农业科技著作，也是一部关于茶文化的专著。

当然，和茶文化相关的古典著作不止有陆羽的《茶经》，在陆羽之后，也出现了不少阐述茶文化的作品。鉴于此，本书收录了宋代蔡襄所写的《茶录》和黄儒写的《品茶要录》，还收录了明代许次纾的《茶疏》。

蔡襄（1012—1067），字君谟，兴化仙

茶　道

游（今福建仙游）人，其所写的《茶录》是继陆羽《茶经》之后最有影响的论茶专著。《茶录》分论茶、论茶器上下两篇，反映了宋代的制茶、饮茶水平。

黄儒，字道辅，北宋建安（今福建瓯县）人，其所写的《品茶要录》也是宋代著名茶书，内容包括采造过时、白合盗叶、入杂、蒸不熟、过熟等十种制造饼茶的弊端，这对于今天的制茶、鉴茶仍有重要的参考意义。

许次纾，字然明，号南华，明钱塘（今浙江杭州）人，有嗜茶之癖，因得到对茶极有研究的姚绍宪的传授指导，所以深得茶理，并据此写出了《茶疏》。《茶疏》包括产茶、今古制法、采摘、炒茶等三十六则，主要记载了明代中后期的制茶、藏茶方法和技术，以及烹茶用器、用水和饮茶宜忌等，给后人提供了很多重要的茶史资料。

所以，本书名为《茶经》，实际上是中国古代茶文化经典著作的合编，为弘扬茶文化提供了宝贵的资料。读者能从中全面了解中国茶文化的发展水平，领略和学习茶文化。

虽然本书在编译时参阅了众多资料，但因编译者水平所限，舛误之处难免，祈请各位专家及读者不吝指正。

编者

2016 年 6 月

目录

茶经 009
一之源 011
二之具 017
三之造 026
四之器 030
五之煮 043
六之饮 050
七之事 056
八之出 074
九之略 082
十之图 084
茶录 085
序 087
上篇 论茶 088
下篇 论茶器 094
后序 097
品茶要录 099
序 101
采造过时 102
白合盗叶 103
入杂 105
蒸不熟 106

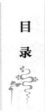

舀水……136
贮水……135
择水……133
日用顿置……132
包裹……131
取用……130
置顿……128
收藏……127
岕中制法……126
炒茶……124
采摘……122
今古制法……121
产茶……117

茶疏……115

后论……112
辨壑源、沙溪……110
伤焙……109
渍膏……109
压黄……108
焦釜……107
过熟……107

煮水器……137
火候……138
烹点……139
秤量……140
汤候……141
瓯注……141
荡涤……143
饮啜……145
论客……145
茶所……147
童子……148
饮时……149
宜辍……151
不宜用……152
不宜近……152
良友……152
出游……153
权宜……154
虎林水……155
宜节……156
辨讹……157
考本……158
后论……159

茶经

［唐］陆羽　原著

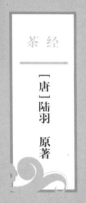

《茶经》是中国第一部茶学专著，也是现存世界最早、最完备的茶书，它将普通的茶事升格为一种美妙的文化艺能，从而完成了将茶事从粗放型转向艺术化的过程，并大力推动了中国茶文化的发展。正如北宋诗人陈师道在《茶经序》里所说："夫茶之著书，自羽始；其用于世，亦自羽始。羽诚有功于茶者也。上自宫省，下迨邑里，外及戎夷蛮狄，宾祀燕享，预陈于前。山泽以成市，商贾以起家，又有功于人者也，可谓智矣。"由此可见，《茶经》的问世，对中国茶史乃至世界茶史，都有着重要意义。

茶 壶

元代赵原的《陆羽烹茶图》

一之源

原典

茶者，南方之嘉木也。一尺、二尺乃至数十尺。其巴山峡川，有两人合抱者，伐而掇之。其树如瓜芦[①]，叶如栀子，花如白蔷薇，实如栟榈[②]，蒂[③]如丁香，根如胡桃。(瓜芦木出广州，似茶，至苦涩。栟榈，蒲葵之属，其子似茶。胡桃与茶，根皆下孕，兆至瓦砾，苗木上抽。)

其字，或从草，或从木，或草木并。(从草，当作“茶”，其字出《开元文字音义》[④]；从木，当作“梌”，其字出《本草》[⑤]；草木并，作“荼”，其字出《尔雅》[⑥]。)

注释

① 瓜芦：也称为皋芦、皋卢、高芦等，属于常绿大叶乔木，一种分布于中国南方的树木。

② 栟榈：也称栟闾，即棕榈。《说文》：“栟榈，棕也。”

③ 蒂：原本作“叶”，其他版本的《茶经》中也有“蕊”“茎”等说法。这里依据《太平御览》卷八六七引《茶经》而改为“蒂”。

④《开元文字音义》：一本字书名，唐玄宗开元二十三年(735 年)编辑的一本字典书，共三十卷，早佚。

⑤《本草》：也称《唐本草》，唐高宗显庆四年（659 年），由李勣、苏敬等人编撰，早佚。

⑥《尔雅》：相传为周公姬旦编撰而成，也有的说由孔子门人所作，经后人增益而成，是中国最早的辞书。

译文

茶树是中国南方的一种优良树种，其高度有一尺（一尺约等于三十三厘米，下同）、二尺，有的可以达到数十尺。在巴山峡川一带，还有两个人合抱起来那么粗的茶树，这种树需要先将它的枝条砍下来，才能采摘茶叶。茶树的外形看起来很像瓜芦木，而叶子则像栀子叶，花朵更像白蔷薇花，果实则像栟榈的籽，蒂则像丁香的蒂，而根则像胡桃根。（瓜芦木出产于广州，其外形和茶树很像，味道吃起来比较苦涩。栟榈是一种蒲葵类的植物，它的种子和茶的籽很像。胡桃和茶树的根系都是向下生长，当碰到坚实的砾土层时，它的苗木才会向上生长。）

“茶”字的结构，有的部首是从“草”部，有的则是从“木”部，还有的是“草”“木”两部兼从。（草部的茶字，应当写作“茶”，这个字出自《开元文字音义》一书里面；木部的茶字，应当写作“梌”，这个字出自《本草》一书；而“草”“木”两部兼有的茶字，应当写作“荼”，这个字出自《尔雅》一书。）

茶树原产地——中国

中国既然有三千多年的栽培和利用茶树的历史，科学的茶树的起源也必然早于有文字记载的三千多年前。植物学家根据分类学的方法来追根溯源，发现茶树起源至今已有6000万～7000万年历史了。有些历史学家也发现，早在公元200年左右，《尔雅》一书中就提到中国存在野生大茶树。我国的科学家在全国十个省区内都发现了野生大茶树。其中在云南的一株茶树，树龄已达1700年左右，有的地方还发现野生茶树群达到上千亩（一亩约等于0.067公顷，下同）。毫无疑问，中国为茶树的原产地终成定论，且原产地在中国西南地区，包括云南、贵州和四川。

云南古茶树

原典

其名，一曰茶，二曰槚[①]，三曰蔎[②]，四曰茗[③]，五曰荈[④]。（周公[⑤]云："槚，苦茶。"扬执戟[⑥]云："蜀西南人谓茶曰蔎。"郭弘农[⑦]云："早取为茶，晚取为茗，或一曰荈耳。"）

其地，上者生烂石，中者生砾[⑧]壤，下者生黄土。凡艺而不实，植而罕茂。法如种瓜，三岁可采。野者上，园者次。阳崖阴林，紫者上，绿者次；笋者上，牙者次；叶卷上，叶舒次。阴山坡谷者，不堪采掇，性凝滞，结瘕[⑨]疾。

注释

① 槚：本指楸树，此处借指为茶。

② 蔎：本意指的是一种香草，此外也借指为茶。

③ 茗：是茶的另一种称呼。

④ 荈：茶的另一种称呼，指的是茶树老叶制成的一种茶。

⑤ 周公：姓姬名旦，周文王姬昌的第四个儿子，西周初期杰出的政治家、军事家、思想家和教育家。因其封地在周，

译文

茶叶的名称分五种：第一种称作茶，第二种称作槚，第三种称作蔎，第四种称作茗，第五种称作荈。（周代的周公曾说过，槚就是苦茶。汉代的学者扬雄也曾经说，四川西南部的人称茶为蔎。晋代学者郭璞则认为，采摘早的称为茶，而采摘晚的应称为茗或荈。）

对于茶树生长的土壤，以土质坚硬而夹杂有碎块的土壤最合适，其次是砂粒多、黏性小的土壤，而最不适宜的是土质松软、黏性又重的土壤。种植茶树，如果茶苗移栽的技术掌握得不好，或移栽后长得不茂盛，那么可以按照种瓜的方法来种植，三年后就可以采摘茶叶了。对于茶叶的品质，以自然野生的为最佳，而人工种植的则比较差。在向阳山坡、林荫覆盖下生长的茶树，其芽叶呈紫色的为上佳之品，呈绿色的则稍差一些；芽叶长得壮实像笋状的是上品，叶芽瘦小如牙的比较差；叶缘反卷的好，叶面平展的次之。生长在背阴的山坡或山谷中的茶树，其品质不好，不值得采摘，因为其性状凝滞，饮用后会使人得腹中结块的疾病。

爵为上公，所以称为周公。他曾两次辅佐周武王灭商，又被封于鲁。周武王死后，因周成王年幼，由周公摄政。在其摄政期间，平定了武庚、管叔、蔡叔之乱。

⑥ 扬执戟：即扬雄，西汉哲学家、文学家。执戟是其官职名。

⑦ 郭弘农：即郭璞，东晋诗人、文学家。其死后被追赠为弘农太守，所以被称为“郭弘农”。曾注释过《尔雅》。

⑧ 砾：原为“栎”，据意改为“砾”。

⑨ 瘕：指腹中的肿块。现代人认为，人饮用阴面的茶后得腹中结块的疾病是没有科学道理的。

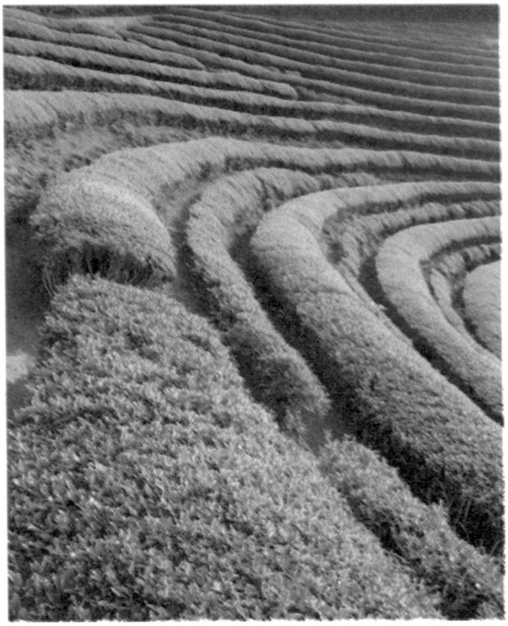

茶 树

“荼”字起源

“茶”字是由“荼”字改化而来，最初始于汉代，古汉印中，有些“荼”字已减去一笔，成为今天“茶”字了。有些人认为“茶”字出现于唐中期以后，其实是错误的。

“荼”字

“荼”的本意是指古书上说的一种苦菜和茅草的白花，但它有多种释义，其中就包括茶叶一项。南宋著名理学家魏了翁在其《鹤山集》卷四十八《邛州先茶记》中写道：“茶之始，其字为荼。如《春秋》书‘齐荼’，《汉志》书‘荼陵’之类。陆、颜诸人虽已转‘荼’音，而未敢辄易文字也。惟自陆羽《茶经》、卢仝《茶歌》、赵赞《茶禁》以后，则遂易‘荼’为‘茶’。其字从艸、从人、从木。按《汉书·年表》荼陵，师古注：‘荼’音‘涂’。《地理志》荼陵从人、从木，师古注：音弋奢反。又音丈加反。则汉时已有荼、茶两字，非至陆羽后易荼为茶也。”由此可以印证“茶”字出现于汉代，由“荼”字改化而成。但其虽成形于汉代，而真正广泛使用，应该是在唐中期以后，而且一直沿用至今。

原典

茶之为用，味至寒，为饮，最宜精行俭德之人。若热渴、凝闷、脑疼、目涩、四支①烦、百节不舒，聊四五啜，与醍醐、甘露②抗衡也。采不时，造不精，杂以卉莽③，饮之成疾。

注释

① 支：通假字，通“肢”。

② 醍醐、甘露：醍醐，古时候指乳酪，其味道甘美，可以入药。甘露，即甘美的雨露，古人认为甘露是“天之津液”，所以常将口感甘甜的液体比作甘露。

③ 卉莽：指的是野草。

译文

对于茶的功效，由于其性至寒，可以作为饮料，而且最适合品行端正且具有节俭美德的人饮用。如果感到发烧、口渴、凝滞、胸闷、头痛、眼涩、四肢无力、关节不舒服等症状，只要喝上四五口，其效果就如同喝了醍醐、甘露一样。但如果茶叶采摘时令不对，制作得不够精细，或者里面混杂着杂草，饮用之后就会生病。

茶的古今之功效

茶在今天主要是用来提神的，当感觉精神不太好、有些困倦的时候，人们常会沏一杯茶喝。此外，在药用方面，人们也会用它来杀菌，比如将茶叶用热水冲泡后，去擦洗伤口部位。茶也用来除臭，脚臭的人可以在鞋子里放点茶叶，或者在衣橱里放置一些茶叶。古人会以茶漱口，在古代文学作品中经常见到。

熟读《红楼梦》的读者会发现里面提到了“漱口茶”，在第三回、第二十八回、第五十四回、第六十二回、第六十七回等处都有。如第三回中写林黛玉刚进贾府时：“寂然饭毕，各有丫鬟用小茶盘捧上茶来……（林黛玉）接了茶，早见人又捧过茶盂来，黛玉也照样漱了口。盥手毕，又捧上茶来，这方是吃的茶。”先用茶漱口，再饮茶，这是古人权贵之家流行的高雅茶俗。李时珍也在《本草纲目》中讲道：“惟饮食后浓茶漱口，既去烦腻而脾胃不知，且若能坚齿消蠹，深得饮茶之妙。”可见，饭后以茶漱口并不是没有道理的，它是一种讲究口腔卫生和口腔保健的科学方法。当然，今天有了各式各样的口香糖，人们不会再用茶水去消除口中的异味和齿间的残渣。

现代简约风格的茶室

现代古朴风格的茶室

原典

茶为累也，亦犹人参。上者生上党①，中者生百济、新罗②，下者生高丽③。有生泽州、易州、幽州、檀州④者，为药无效，况非此者。设服荠苨⑤，使六疾不瘳⑥。知人参为累，则茶累尽矣。

注释

① 上党：唐代的郡名，其治所为今天山西长治市部分地区。

② 百济、新罗：都是唐代位于朝鲜半岛上的古国。百济兴起于公元1世纪，位于朝鲜半岛西南部；新罗创建于公元前57年，位于朝鲜半岛东南部。

③ 高丽：即古高句丽，也是朝鲜半岛古国，位于朝鲜半岛北部。

④ 泽州、易州、幽州、檀州：都是唐代的州名。泽州辖境在今山西晋城、陵川、阳城、沁水一带；易州辖境在今河北易县、涞水、徐水、满城一带；幽州辖境在今北京、天津及河北永清、安次一带；檀州辖境在今北京密云、平谷一带。

⑤ 荠苨：一种形似人参的草本植物，可以入药。苨，读为ní。

⑥ 六疾不瘳：六疾，指人遇阴、阳、风、雨、晦、明六气而得的多种疾病，后泛指疾病。瘳，指病愈。

译文

选用茶叶就和选用人参一样，因其产地不同，质量也有很大差异。上等的人参产自于上党，中等的人参产自于百济、新罗，而下等的人参则产自于高丽。出产于泽州、易州、幽州、檀州的人参品质更差，作为药用，没有任何疗效，更何况那些还不如它们的呢！如果将荠苨当作人参服用了，那么肯定治不好疾病。明白了选用人参的困难，也就会明白选择茶叶的困难了，两者难度是一样的。

古今茶的种类

唐朝的时候，茶叶有霍山黄茶、蒙顶茶、衡山茶、仙人掌茶、昌明茶和紫笋茶等五十多种；宋代的时候，茶叶有普洱茶、龙井茶、建安茶、白云茶、花坞茶、龙风田茶等九十多种；元代的时候，茶的种类并没有增加，还减少了很多，大概有四十多种，如大巴陵茶、雨前茶、早春茶、头金茶、骨金茶、绿英茶等；明代的时候，茶叶有五十多种，如绿花茶、白芽茶、碧涧茶、薄片茶、白露茶等；清代的时候，茶叶有西湖龙井茶、黄山毛峰茶、贵定云雾茶、湄潭眉尖茶、武夷岩茶、青城山茶等四十

祁门红茶

多种，并将名茶分为绿茶、红茶、黑茶、白茶、红茶，同时增加了新品种乌龙茶。

如今，茶被分为六大类型：红茶、绿茶、白茶、黄茶、黑茶、乌龙茶，这和清代是一致的。不同的是，现在还有再加工茶，主要分为：花茶、紧压茶、萃取茶。花茶包括茉莉花茶、珠兰花茶、玫瑰花茶、玳玳花茶等；紧压茶主要包括沱茶、竹筒茶、茯砖茶、青砖茶、康砖茶等；萃取茶则主要有速溶茶和浓缩茶。

现在的茶叶细分起来，种类繁多，想要分辨清楚不是一件容易的事了。

霍山抱儿钟秀黄芽茶

普洱茶

二之具

原典

籯①，一曰篮，一曰笼，一曰筥②。以竹织之，受五升，或一斗、二斗、三斗者，茶人负以采茶也。（籯，《汉书》音盈，所谓“黄金满籯，不如一经”③。颜师古④云：“籯，竹器也，受四升耳。”）

注释

① 籯：一种竹编的笼子、筐子或篮子等盛物器具。

② 筥：一种竹编的、圆形的盛物器具。

③ 黄金满籯，不如一经：出自于《汉书·韦贤传》，意思是与其留给后代满筐的黄金，还不如传授给他一部经书。

④ 颜师古：唐代著名经学家、文献学家，撰有《汉书注》《匡谬正俗》等书，曾注《汉书》。

译文

篇，又称篮，也称为笼，还称为筥，是用竹子编织而成的。其容量有五升的，也有一斗、二斗、三斗的，是茶农背着用来采茶的。（篇，《汉书》中称其发音为“盈”，并有这样的话：即使有满筐的黄金，也不如一部经书更对人有益处。颜师古曾说：“篇是一种竹器，容量为四升。”）

古今采茶方式

古代人们采茶都是手工，背着茶篓上山去采，现在这种方式仍有很多，但一般都是家庭作坊或少量的采摘。采茶时是有讲究的，三瓣叶子的要采两叶，两瓣叶子的要采一叶。背的茶篓一般都是竹制的、镂空的，这样是为了让刚采摘下来的茶叶能够透气而且不挤压变形。

采茶篮

现代手工采茶分纯用手采和用采茶铗采，手采自然是只用手采，没有任何工具辅助；而采茶铗比手采效率高，但要求刀刃锋利，采割时应迅速，以防止将枝条割裂而影响下轮新梢萌发。但如果是大面积采摘，就需要用采茶机。采茶机采下的茶叶在风机或扫叶轮作用下会送入集叶袋里面。

采　茶

原典

灶，无用突①者。

釜②，用唇口者。

甑③，或木或瓦，匪④腰而泥。篮以箄之⑤，篾以系之⑥。始其蒸也，入乎箄；既其熟也，出乎箄。釜涸，注于甑中。（甑，不带而泥之。）又以榖木⑦枝三亚者制之，散所蒸牙笋并叶，畏流其膏。

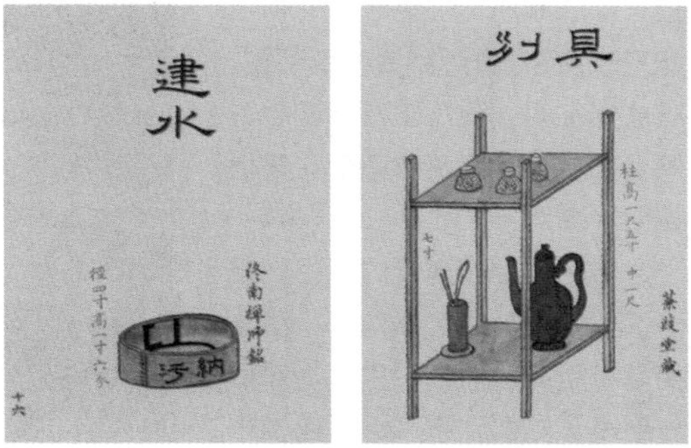

《卖茶翁茶器图》（日本）中的茶器

注释

① 突：指烟囱。

② 釜：古代的炊事用具，和今天的锅功用一样。

③ 甑：古代的煮器，类似于今天的蒸笼。

④ 匪：同“篚”，指圆形的竹筐。

⑤ 篮以箄之：指在甑内放入像竹篮一样有壁的竹箄。箄，同“箅”，意思是蒸笼中的竹屉。

⑥ 篾以系之：指将竹篾系在箄上，以方便从甑中取出。篾，指长条且细的簿竹片。

⑦ 榖木：也叫楮树，一种落叶乔木。楮树皮可以制造桑皮纸和宣纸。

译文

灶，不要用有烟囱的，因为这样会使火焰直上，热量消失得比较快。

锅，应当用锅口有唇边的，这样方便加水。

甑，蒸茶用的炊器，有木制的和陶制的。其形状为圆筒形，腰部用泥封好，然后在甑内放上竹篮作为甑箄，再用竹片系牢。当开始蒸茶的时候，先将摘下来的芽叶放到箄里，蒸熟之后，再从箄里倒出。如果锅里的水煮干了，就从甑口加水进去（给甑涂泥的时候，要留有缺口）。也有用三个枝杈的榖树枝制作成棍棒，翻搅芽叶的。蒸好后的茶芽和茶叶要及时分散摊开，以免茶汁流失。

古今蒸茶法

那个时代蒸茶用具为甑，它也是古时必备的常用的制茶用具，材料为竹或陶。现在人们仍时常称之为甑，但更多的是称为蒸笼或笼屉，制作材料也更加丰富，有土、铁、木、瓦、竹。蒸茶的原理就是利用高温高压蒸气将茶蒸热，使叶和梗受热变软，这样

竹筒茶

更方便压制成形。但蒸的时候不能将茶蒸熟，否则就会改变茶性。蒸的标准为：蒸气使茶叶变软，并且边层或者面层的茶柄完整地挑散脱落即可。

哈尼族就有蒸茶的习俗，但他们蒸茶不是为了压制成茶饼，而是将新鲜的老茶叶采来，然后放到甑子里面，再用温火慢慢蒸熟，并放到太阳下将其晒干，最后装到土罐或者干竹筒里。当喝茶的时候，从土罐或干竹筒里取出一些放入杯子里，用沸水冲开，并浸泡几分钟后就可以喝了。虽然这种习俗和汉族饮茶方式稍有区别，但也是从古代流传下来的。

原典

杵臼[①]，一曰碓。惟恒用者佳。

规，一曰模，一曰棬[②]。以铁制之，或圆，或方，或花。

承，一曰台，一曰砧。以石为之。不然，以槐、桑木半埋地中，遣无所摇动。

檐[③]，一曰衣。以油绢或雨衫单服败者为之。以檐置承上，又以规置檐上，以造茶也。茶成，举而易之。

杵臼

注释

① 杵臼：指的是专门用来捣碎东西的木、石做成的器具。唐代有捣碎茶叶专用的“茶臼”，其材质分木、石、瓷等不同种类。

② 棬：原意是指用木条编成或屈木制成的盂型器物，此处指的是用铁制成的模子。

③ 檐：这里指铺在砧或台上的类似于布的丝织物。制作茶饼时将模子放在檐上，以便于取出已经制好的饼茶。

译文

杵臼，也称为碓，是用来捣碎蒸熟茶叶的一种工具，这种工具应经常使用，使其表面变得光洁。

规，也称为模，还可称为棬，是一种用铁制成的模型，有圆形的、方形的，还有看起来像花的形状的。

承，又叫台，也称为砧，用石头制成的，用来放置模具。如果材料不选用石头，也可以用槐、桑木制作，但用这两种材料制作，需要将其下半截埋于土中，以便使用时不会摇动。

檐，又叫衣，是用油绢或穿坏的雨衣、单衣制作而成。使用的时候，先将檐放在承上，再将规放在檐上，用来压制饼茶。等压制成一个茶饼后，拿出来，再换下一个。

机器压制的茶饼

古今压制茶饼

压饼石

古人称茶饼为饼茶，其制作器具为规、承和檐，三者合起来压制饼茶。现在压制茶饼一般都是机器，方法是将蒸好后的茶叶放到模中，这个“模”相当于古人用的“规”，然后放入底茶，再放入盖茶。将放到模中的茶叶铺匀，冲压至紧后稍放置冷却定型，时间大约需要三十分钟，然后脱模，这一步叫定型脱模。这样茶饼就压制好了，最后还要晾晒风干才最终成型。

除了机器压制，还有手工的石磨压制，两者相比较，石磨压出来的更好，它松而不散，而且茶叶内质保留得很好，饮用的时候也容易撬开。机器压制的除了外形更加圆润外，其口感单一，韵味香气淡薄，并且撬的时候很费力，需用大茶针才可以，这也是需要改进的地方。

原典

芘莉①，一曰篣子，一曰篣筤②。以二小竹，长三赤，躯二赤五寸，柄五寸。以篾织方眼，如圃人土罗，阔二赤，以列茶也。

棨③，一曰锥刀。柄以坚木为之，用穿茶也。

扑④，一曰鞭。以竹为之，穿茶以解茶也。

注释

① 芘莉：竹制的盘子类的器具，是放置饼茶的。

② 篣筤：以竹编制的，专门列置饼茶的工具。

③ 棨：在茶饼上钻孔用的锥刀。

④ 扑：穿茶饼的竹条，可以将茶饼穿成串。

译文

芘莉，又称为篣子，还称为篣筤。取两根各长三尺的小竹竿，将二尺五寸（一寸约等于 3.3 厘米，下同）作为躯干，然后剩余的五寸作为柄。在两根竹竿中间用竹篾织成方眼形状的网，就像种菜人用的土筛，用来放置饼茶进行晾晒。

棨，也叫锥刀，是用坚硬的木料做柄，用来给饼茶穿孔的。

扑，也叫鞭，用竹条编制而成，用来将茶饼穿成串，以便于搬运。

古今茶叶晾晒

古代人晾晒饼茶是在芘莉上，芘莉是竹做的，就像筛子一样的工具。现在制茶工艺中有一个晒青环节，它也是用来晒茶的，只不过晒青的工具为竹筛，或叫竹笳篱。

现代竹筛晒青

晒青的目的是为了蒸发鲜叶中的部分水分，方法有两种。一种是太阳光晒青，下午四五点的时候，太阳光线比较柔和，这时将鲜茶叶均匀地摊放在竹筛上，每个竹筛放置量视其大小而定，通过太阳光的照射，使鲜叶的水分蒸发。鲜茶叶尽量摊得薄一些，太厚不容易晾干，要及时翻拌茶叶，这样可使其干得快一些。还有一种方法是自然吹风晒青，在阴天或多云天气，将鲜茶叶摊在室内或室外进行吹风。将茶叶放在竹筛上，同时将竹筛放在架子上。为了不影响茶叶的香气滋味和色泽形状，可以给室内增加温度，比如生炭火或煤火，经常调整竹筛的位置，使每个竹筛里的鲜茶叶受热温度一致。此外，也有人使用电动摇青机、炒青机和机械整形、包揉机进行加工的，这样也可以达到晒青的目的，但不会在机器下面直接生火炉加温，因为这样容易损伤或灼伤鲜叶，水分散失得不均匀。如果一次晒青效果不足，可以进行二次轻晒青。

现代竹筛架子上晒青

原典

焙[①]，凿地深二尺，阔二尺五寸，长一丈。上作短墙，高二尺，泥之。

贯[②]，削竹为之，长二尺五寸。以贯茶焙之。

棚，一曰栈。以木构于焙上，编木两层，高一尺，以焙茶也。茶之半干，升下棚；全干，升上棚。

注释

①焙：原意指微火烘烤，此外指烘烤饼茶的土炉。

②贯：贯穿，穿在一起的意思。

译文

焙，是一种烘茶的工具，即在地上挖的一个深二尺、宽二尺五寸、长一丈（一丈约等于三百三十三厘米，下同）的坑。坑的上面砌两尺高的短墙，然后在墙上涂泥，抹平整。

贯，是用竹子削制而成的，长二尺五寸，用来在焙烤时贯穿茶饼的。

棚，也叫栈，用木头制成的架子，分上下两层，高一尺，用来烘烤茶饼的。当茶饼烘烤到半干的时候，将其由架底升到下层，等到全干的时候，再将其由下层移到上层。

古今焙茶技术

从工艺上来说，焙茶是古今都有的必需制茶程序之一，只是所用工具有所改变。古人是先将茶蒸青，也就是蒸熟，然后再焙茶，即用温火烘茶。焙茶的工具是竹编的，中间有隔板，上面放茶叶，下面放火盒，然后将饼茶用竹叶封裹放在隔板上进行烘烤。现在比较传统的做法是用炭焙，这种人工的做法比较辛苦，要将炭火烧旺、烧透、打碎、堆成塔形，而且要控制好温度，随时守在焙笼边。但也有使用电焙笼焙茶的，它是靠电磁盘或电炉丝产生的热风对茶叶进行烘焙，只需按下按钮，设定好时间和温度即可，操作方便、简单，但焙出来的茶口感要差很多。

烘　茶

原典

穿①，江东、淮南剖竹为之。巴川峡山，纫②縠皮为之。江东以一斤为上穿，半斤为中穿，四两五两为小穿。峡中③以一百二十斤为上穿，八十斤为中穿，五十斤为小穿。字旧作钗钏之"钏"字，或作贯串。今则不然，如"磨、扇、弹、钻、缝"五字，文以平声书之，义以去声呼之④，其字，以"穿"名之。

育⑤，以木制之，以竹编之，以纸糊之。中有隔，上有覆，下有床，傍有门，掩一扇。中置一器，贮煻煨火，令煴煴然⑥。江南梅雨时，焚之以火（育者，以其藏养为名）。

注释

① 穿：原底本没有此字，据华氏本补充。

② 纫：指的是用手进行搓、捻，使之成为线、绳等。在巴川峡山等地，人们用縠树皮将其搓成绳子，用来贯穿饼茶。

③ 峡中：唐代的时候专指长江三峡一带。

④ 文以平声书之，义以去声呼之：由于古汉语中有些字有多种读音，而每一种读音其代表的字义又不相同，但声母和韵母是相同的，只是声调不同。

⑤ 育：这里指的是一种储藏饼茶的器具。

⑥ 煴煴然：指的是火势微弱的样子。煴，指没有光焰的火。

译文

穿，是一种穿茶工具，在江东、淮南一带是将竹竿劈开制作而成，而在巴川峡山一带则是通过搓或捻榖树皮制作而成。江东一带的人们将能穿一斤（一斤等于0.5千克，下同）重茶饼的称作上穿，能穿半斤重茶饼的称为中穿，能穿四两（一两等于五十克，下同）、五两左右茶饼的称为小穿。而峡中一带则把一百二十斤的穿称作上穿，八十斤的称作中穿，五十斤的称作小穿。“穿”字原来是写为“钗钏”的“钏”字，或者“贯串”的“串”字。现在则不同了，就像“磨”“扇”“弹”“钻”“缝”这五个字，字形还是按读平声作动词的字形写，读音却读去声，意思也是按读去声、作名词的来讲。于是，“钏”或“串”也用“穿”来命名。

育，是一种对茶饼的复烘工具。其制作是，先用木制成框架，再用竹篾编织外围，然后用纸裱糊好。中间有隔，上有盖，下有托底，旁边一扇可以开关的门。在正中放置一个容器，里面盛有带火的热灰，使其有火无焰，以便保持一定的温度。如果是在江南梅雨的季节，由于气候潮湿，必须生起明火来除湿。（之所以用“育”这个名称，是因为它有收藏、养育的作用。）

古今之饼茶

唐代人饮的茶基本都是饼茶，因为当时并不流行散茶。饼茶是一种蒸青紧压茶，它的最主要工序就是蒸茶后制饼穿孔、贯串烘焙。这样经过蒸青、烘焙，茶的味道不仅比鲜叶好很多，而且还容易保存。现在，仍然采用饼茶生产技术的主要为普洱茶，这种普洱饼茶以散茶为原料，经过筛、拣、高温消毒、蒸压定型等工序制成，成品呈圆饼形，底部平整而中心有凹陷小坑，用白绵纸包装，或用古朴典雅的纸盒包装。

饼茶饮用时比较麻烦，要有专用的工具，先将茶敲碎成小块或碎粒状，然后再放到铁锅或铝壶里边烹煮，而且在烹煮过程中要不断搅动，烹煮时间要长一些，这样才能使茶汁充分浸出。所以，懂茶的人饮饼茶时都会烹煮，不会拿开水冲泡。

饼 茶

三之造

原典

凡采茶，在二月、三月、四月之间。茶之笋者，生烂石沃土，长四五寸，若薇蕨始抽，凌露采焉。茶之牙者，发于丛薄①之上，有三枝、四枝、五枝者，选其中枝颖②拔者采焉。其日，有雨不采，晴有云不采。晴，采之，蒸之、捣之、拍之、焙之、穿之、封之，茶之干矣。

注释

① 丛薄：指草木丛生的地方。

② 枝颖：长势挺拔的茶芽。

译文

一般来说，采茶的季节在二月、三月和四月间。肥壮如春笋般的柔嫩芽叶，生长在风化比较完全的有碎石块的土壤里，其长度有四至五寸，就像刚刚抽芽的薇、蕨的嫩茎一样，这种茶芽应当在有露水的清晨去采摘它。而长得比较细弱的、次一点的芽叶，一般生长在草木丛生的地方，从一老枝上发出三枝、四枝、五枝的新梢，应当选择其中长得比较挺拔的芽叶进行采摘。采摘时也要看天气，如果下雨就不要采摘，即便是晴天如果有云也不要采。只有天气晴朗的时候才可以采摘。采摘下来的芽叶还要先用甑蒸透，再用杵臼捣烂，然后拍压成形，接着焙干，穿饼成串，再包装封好，这样就可以制成干燥可用的茶饼了。

茶园

古今茶叶的采摘

古代，人们采茶的季节是在农历的二月、三月和四月，而且只在天气晴朗时采摘，有雨、天晴有云的时候不能采。如今，一般来说，一年分两次采摘时间，一个是每年的三月或者四月，还有一个是每年的九月。事实上，采茶根据不同的茶叶和不同的地域，采茶时间也各有不同，比如，绿茶应在清明节前后 7 ~ 10 天内采摘，台湾的乌龙茶则需要冬天才能采摘，花茶一般夏天才可以采摘。另外采摘的条件也更加严格：雨天、风霜天，茶树虫伤、细瘦、弯曲、空心，茶芽开口、发紫和不合尺寸等情况下都不能采摘。

现在，随着现代茶园大面积的种植，很多茶园都采用机器采摘，但由于采茶机没有选择性，无法分批采摘，一般每季茶只采 1 ~ 2 批；而绿茶一般还是用手工采，在春季每隔 3 ~ 5 天采 1 次，夏、秋茶则每隔 5 ~ 7 天采 1 次。

原典

茶有千万状，卤莽而言，如胡人靴者，蹙缩然。犎牛臆者①，廉襜然②；浮云出山者，轮囷然③；轻飙拂水者，涵澹然。有如陶家之子罗膏土，以水澄泚之。谓澄泥也。又如新治地者，遇暴雨流潦之所经。此皆茶之精腴。有如竹箨④者，枝干坚实，艰于蒸捣，故其形籭簁⑤然。有如霜荷者，至叶凋沮，易其状貌，故厥状委萃然。此皆茶之瘠老者也。

注释

① 犎牛臆者：这是个比喻，比喻茶的芽叶形状就像野牛的胸部一样突出拳曲。犎牛，野牛。臆，指牛胸肩部的肉。

② 廉襜然：指像牛胸肩的肉，像侧边的帷幕。廉，边侧。襜，帷幕、围裙。

③ 轮囷然：底本为“轮菌”，此处是据《四库》本改，意思是屈曲的样子。轮，车轮。囷，圆顶的仓。

④ 竹箨：竹笋的外壳。

⑤ 籭簁：毛羽始生貌。籭、簁字义相通，都指竹器。

沱 茶

普洱小金沱茶

译文

茶饼的形状多种多样，粗略地说，有的像胡人的靴子一样，皮革皱缩着；有的则像野牛的胸部一样有细微的褶痕；还有的像浮云出山一样盘旋曲折；有的则像轻风拂水一样表面有波纹；有的像陶匠筛出细土，再用水沉淀出的泥膏一样细腻光滑；有的又像新整修过的土地，经过暴雨冲刷而变得凹凸不平。凡是有上述这些特征的都是茶叶中的上等品。而有的芽叶则像笋壳一样坚硬，很难蒸捣，因此制成的茶叶形状就像箩筛一样；有的则像经霜的荷叶一样，茎叶凋败，改变了原来的样子，因此制出来的茶是干枯的。这样的茶叶就是低档茶、老茶。

古今茶饼形状

唐宋时期的茶，主要为蒸青饼茶和团茶，所以根据其形状可分为八个等级：胡靴形、牛臆形、浮云形、拂水形、膏土形、地潦形、竹箨形及霜荷形，其中胡靴形和牛臆形为上等品，竹箨形和霜荷形为粗级品。

现在茶饼主要为普洱茶，其形制有茶饼（圆扁形）、茶砖（方形）和茶沱（圆球形）。以前有一种说法是"一流的原料做成沱、二流的原料做茶饼、三流的原料做茶砖"，即好的茶叶压制成茶沱，次一些的茶叶压制成茶饼，更差一些的茶叶压制成茶砖。比如茶砖很多都是茶梗、黄片压成的，而茶沱的都是比较嫩的茶芽，茶饼用的茶芽嫩度相比茶沱就低一些。而随着科技和时代的发展，现代茶企更看重高品质和好口感，因此在高端茶的选料方面要求更严格，无论何种形状的茶都有好中次之分，形状不再是选择茶叶优劣的依据。

金瓜贡茶

砖　茶

原典

自采至于封，七经目。自胡靴至于霜荷，八等。或以光黑平正言嘉者，斯鉴之下也。以皱黄坳垤①言佳者，鉴之次也。若皆言嘉及皆言不嘉者，鉴之上也。何者？出膏者光，含膏者皱；宿制②者则黑，日成者则黄；蒸压则平正，纵之则坳垤。此茶与草木叶一也。茶之否臧③，存于口诀。

注释

① 坳垤：坳，指土地低凹处。垤，指小土堆。形容茶饼的表面凹凸不平。

② 宿制：指的是隔一晚上再焙制。

③ 否臧：否，贬、非议。臧，褒奖。指鉴别茶的品质高低的方法。

译文

茶从采摘到封藏需要经过七道工序。而茶叶的形状和品质，从像胡人靴子一样皱缩的到像霜打过的荷叶一样干枯，可以分为八个等级。对于成茶，有人认为外表光亮黝黑而又平整的是好茶，这种鉴茶的方法是不高明的方法。也有人认为皱缩、色黄、表面凹凸不平是好茶，这种鉴别方法是较好一些的。鉴别茶叶最好的方法，不但能指出茶的好处，还能说出不好的地方。为什么这样说呢？因为压出了茶汁的茶饼表面看起来就显得光洁，含有茶汁的表面就比较皱缩；隔夜制作出的茶饼颜色就会发黑，当天制成的则颜色发黄；蒸后压得紧的茶饼表面比较平整，蒸后压得不实或任其自然的就会凹凸不平。从这个意义上讲，茶叶其实与其他草木叶子是一样的。茶品质高低的鉴别，另外有一套口诀。

古今茶叶的鉴别

在古代，鉴定茶叶的好坏是一件很困难的事，主要是从饼茶的外表光泽、颜色、平整度，以及茶汤的颜色和味道来判定。而茶叶经过上千年的发展，到今天人们鉴别真假茶叶仍非易事，普通人主要还是从色、香、味、形四个方面判定。

从色方面看，好的、高档的茶叶，其色泽鲜艳光润，没有其他杂物；低档茶色枯，缺少光泽，或者色泽杂，枯暗发滞，夹杂部分杂物。从香气判断，好茶香气浓郁，清新持久；而次茶香气很低，甚至闻不到香气，反而夹杂有一股粗气、青涩气、陈气等。冲泡后，如果茶汤的色泽清澈明亮，浸出物浓度比较高，说明是好茶叶，反之则为次茶叶；接着品尝茶汤，如果茶汤入口后感觉微苦，回味后又有甘甜味，说明是好茶，如果一直为苦涩味，说明为次茶。形的方面，如果看起来大小、粗细、长短均匀则为上品，反之则为次品。还可以根据茶叶泡开后的形状来判断，如果冲泡后茶叶很快就展开，说明不是好茶叶，如果冲泡数次之后，茶叶才慢慢展开，说明是好茶叶。

当然，现代技术比古代发达很多，也可以通过其他高科技的方法来检测，但对平常人来说，还是主要依据色、香、味、形来鉴别茶叶品质，其中“形”和“味”有时还需要更加专业的茶知识作为基础。

茶 汤

四之器

原典

风炉 灰承

风炉，以铜铁铸之，如古鼎形。厚三分，缘阔九分，令六分虚中，致其圬墁①。凡三足，古文书二十一字。一足云：“坎上巽下离于中②。”一足云：“体均五行去百疾③。”一足云：“圣唐灭胡明年铸④。”其三足之间，设三窗，底一窗以为通飙漏烬之所。上并古文书六字：一窗之上书“伊公”二字，一窗之上书“羹陆”二字，一窗之上书“氏茶”二字，所谓“伊公羹、陆氏茶⑤”也。置𡋟㙇于其内，

注释

① 圬墁：本意指涂墙用的工具，此处指在风炉内壁涂泥。

② 坎上巽下离于中：坎、巽、离都是八卦的卦名。坎为水，巽为风，离为火。此处意指煎茶时坎水在上，巽风在下助燃，离火从中燃烧。

③ 体均五行去百疾：意思是只有具备了五行，才能祛除各种疾病。五行，指金、木、水、火、土。去通“祛”。

④ 圣唐灭胡明年铸：圣唐灭胡，指唐代宗时期平定安史之乱。明年，指第二年，这里是指公元 764 年。

⑤ 伊公羹、陆氏茶：伊公即商臣伊尹，据传其善于烹煮，世称“伊公羹”；陆即陆羽自已，“陆氏茶”则指陆羽煎茶。

设三格：其一格有翟焉，翟者，火禽也，画一卦曰离；其一格有彪焉，彪者，风兽也，画一卦曰巽；其一格有鱼焉，鱼者，水虫也，画一卦曰坎。巽主风，离主火，坎主水，风能兴火，火能熟水，故备其三卦焉。其饰以连葩、垂蔓、曲水、方文之类。其炉，或锻铁为之，或运泥为之。其灰承，作三足铁柈台之。

古代风炉

译文

风炉，是用铜或铁铸造而成，形状就像古代的鼎。它的炉壁厚三分（一分约等于0.33厘米，下同），炉口的边缘宽九分，使炉壁和炉腔空出六分的距离，炉的内壁用泥涂抹严实。风炉有三只脚，上面铸有古文字，共计二十一个字，一只脚上铸的是“坎上巽下离于中”七个字，另一只脚上铸的是“体均五行去百疾”七个字，还有一只脚上铸的是“圣唐灭胡明年铸”七个字。在这三只脚之间，设有三个窗口，其中底下的一个口用来通风、漏灰。三个窗口上面也有古文铸成的字，共六个：一个窗口上铸有“伊公”二字，另一个窗口上铸有“羹陆”二字，还有一个窗口上铸有“氏茶”二字，连起来读就是“伊公羹，陆氏茶”。风炉里面设有支撑锅子用的垛，三间分三格。一个格上画的是野鸡，因为野鸡象征火禽，所以画一个“离卦”；一个格上面画的是虎，因为虎象征风，所以画上一个“巽卦”；还有一个格上画的是鱼，因为鱼象征水，所以画上一个“坎卦”。巽象征风，离象征火，坎象征水，风能使火烧旺，火能把水煮开，所以画上这三个卦。在炉身上还铸有花草、下垂的枝蔓、流水、方形花纹等图案作为装饰。这种风炉有的是用铁制成的，有的则是用泥烧制而成。灰承，是接受灰烬的器具，是一个有三只脚的像桌台一样的铁盘子。

原典

筥

筥，以竹织之，高一尺二寸，径阔七寸。或用藤。作木楦[①]如筥形，织之。六出固眼。其底盖若利箧[②]口，铄之。

炭挝[③]

炭挝，以铁六棱制之，长一尺，锐上，丰中，执细。头系一小辗，以饰挝也，若今之河陇军人木吾[④]也。或作锤，或作斧，随其便也。

火筴

火筴，一名箸，若常用者。圆直一尺三寸。顶平截，无葱台勾锁[⑤]之属。以铁或熟铜制之。

注释

① 木楦：原意是指用来制鞋的木制模架，此处指制作筥之前需要做好的筥形木制模架。

② 利箧：用竹篾编成的一种长方形箱子。

③ 炭挝：用来捅投炭火的铁棍。

④ 木吾：原意是指用来夹车的车辐，此处指木棒。

⑤ 葱台勾锁：指装饰物。葱台，葱的籽实，长在葱的顶部，呈圆珠形，此处指一种饰物。勾锁，也是一种饰物。

译文

筥，用竹子编织而成，高一尺二寸，直径七寸。也有些是用藤编制的。筥的制作方法是，先用木头做成一个筥形的木架，再用竹条或藤条编织其外面，并编织出六角形的圆眼。筥的底和盖就像小箱子的口，要削光滑。

炭挝，是用六棱形的铁棒制成，长一尺，头部尖锐，中间粗，执握的地方较细。在握的那头系一个小环作为装饰，就像今天河陇一带军士所执的“木

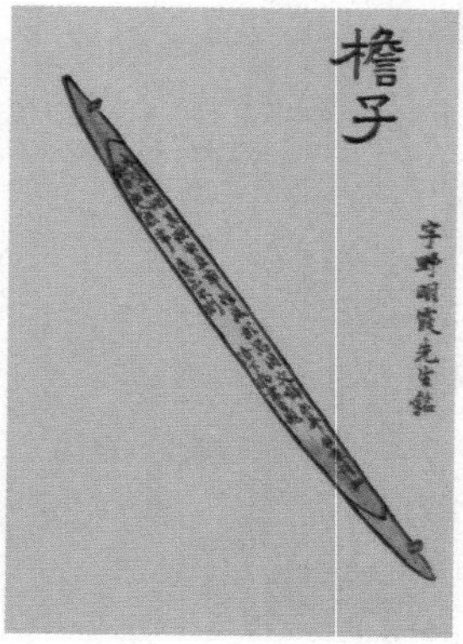

《卖茶翁茶器图》中的茶器

吾”。也有的把铁棒做成锤形，有的做成斧形，各随其便。

火筴，又称为箸，就是平常用的火钳子。圆形，很直，长一尺三寸，顶端平齐，装饰有葱台、勾锁之类的装饰物。火筴是用铁或熟铜制作而成。

原典

鍑[①]

鍑，以生铁为之。今人有业冶者，所谓急铁，其铁以耕刀之趄[②]炼而铸之。内摸土而外摸沙。土滑于内，易其摩涤；沙涩于外，吸其炎焰。方其耳，以正令也。广其缘，以务远也。长其脐，以守中也。脐长，则沸中；沸中，则末易扬；末易扬，则其味淳也。洪州[③]以瓷为之，莱州[④]以石为之。瓷与石皆雅器也，性非坚实，难可持久。用银为之，至洁，但涉于侈丽。雅则雅矣，洁亦洁矣，若用之恒，而卒归于铁也。

交床[⑤]

交床，以十字交之，剜中令虚，以支鍑也。

注释

① 鍑：锅。

② 耕刀之趄：意思是残破、破损。耕刀，锄头、犁头。趄，艰难行走之意。

③ 洪州：唐代的州名，辖境在今江西南昌一带。

④ 莱州：唐代的州名，辖境在今山东莱州一带。

⑤ 交床：原指一种有靠背的坐具，这里指放置鍑的架子。

译文

鍑，即锅，是用生铁铸成的。生铁，被现今从事冶炼的人称之为急铁。这种铁是用废旧的农具炼铸而成的。铸锅的时候，里面用泥抹，外面用沙抹。里面抹上泥，可以使锅面光滑，容易磨洗；外面抹沙，会让锅底粗糙，这样更容易吸收热量。锅耳要做成方形的，可以使锅放置的时候更平正。锅边要做宽一些，以方便其伸展开。处于中心部分的锅脐要做长一些，以使火力能够集中。因为锅脐长，就可以使水在锅中心沸腾；水在中心沸腾，茶沫就易于上升；茶沫易于上升，茶的味道就更加醇厚。洪州的锅是用瓷制成的，莱州的锅则是用石制作的，不管是瓷锅，还是石锅，都是雅致的器物，但却不够坚固耐用。如果用银制作锅，确实非常清洁，但又有些奢侈。雅致固然雅致，清洁确实清洁，但如果从经久耐用的实用性方面讲，还是铁制的好。

交床，是用十字交叉的木架制作而成，木架的上面放上木板，然后将中间部分挖空，用来放置鍑。

原典

夹

夹，以小青竹为之，长一尺二寸。令一寸有节，节已上剖之，以炙茶也。彼竹之筱，津润于火，假其香洁以益茶味，恐非林谷间莫之致。或用精铁、熟铜之类，取其久也。

纸囊

纸囊，以剡藤纸[①]白厚者夹缝之，以贮所炙茶，使不泄其香也。

碾拂末

碾，以橘木为之，次以梨、桑、桐、柘。为臼，内圆而外方。内圆，备于运行也；外方，制其倾危也。内容堕而外无馀。木堕形如车轮，不辐而轴焉[②]。长九寸，阔一寸七分。堕径三寸八分，中厚一寸，边厚半寸。轴中方而执圆[③]。其拂末[④]，以鸟羽制之。

注释

① 剡藤纸：唐代的时候，一种产于浙江剡溪、以藤为原料制成的纸，是唐时包茶专用纸。

② 不辐而轴焉：指的是没有辐条，却有车轴。

③ 轴中方而执圆：指轴的中段是方形的，这样可以固定碾轮，而手执的那部分则是圆柱形的。之所以这样设计，是为了便于碾压的操作。

④ 拂末：指清理茶末的用具。

西明寺遗址出土的石茶碾，由残器复原

译文

夹，用小青竹制成，长一尺二寸。在距离青竹一端约一寸的地方有个竹节，将竹节以上的部分剖开，以便用来夹着茶饼烘烤。在火上烘烤的时候，小青竹遇火会渗出津液，借助于津液香气可以增益茶味。但这种小青竹，如果不是在山林溪谷间烘茶，恐怕很难得到。也有人用精铁或者熟铜之类的材料做夹，这主要是取其经久耐用的优点。

纸囊是用两层白而厚的剡藤纸缝制而成的，是用来贮藏烘烤好的茶饼，这样可以使茶的香味不散失。

茶碾，最好的制作材料是橘木，其次是梨木、桑木、桐木、柘木。其形状为内圆而外方，内圆是为了便于转动，外方是为了防止倾倒。碾槽内刚好可以放得下一个碾磙即可，而不应该留有空隙。木制的碾磙的形状就像车轮，但只有轴而没有辐条。车轴长九寸，中间宽一寸七分。碾碳的直径三寸八分，中心位置厚一寸，边缘部位厚半寸。车轴的中段是方形的，而手执的部分则是圆柱形。清理茶末用的拂末，是用鸟类的羽毛制成的。

原典

罗合

罗末，以合盖贮之，以则置合中。用巨竹剖而屈之，以纱绢衣之。其合，以竹节为之，或屈杉以漆之。高三寸，盖一寸，底二寸，口径四寸。

则

则，以海贝、蛎蛤之属，或以铜、铁、竹匕策①之类。则者，量也，准也，度也。凡煮水一升，用末方寸匕②。若好薄者，减之；嗜浓者，增之，故云则也。

注释

① 匕策：匕，就是今天所说的匙勺。策，古代的时候，用来计算的小筹。

② 用末方寸匕：用竹匙挑起茶叶末一平方寸。方寸匕，一种量药的用具。

古代茶则

译文

茶叶罗合，将已经罗筛过的茶末放在盒子里盖好贮存起来，并将取茶用的“则”也放到盒子中。制作罗时，先将粗大的竹竿剖开，并弯曲成圆形，然后在罗底蒙上纱或绢，作为筛网。而盒子是用竹节制作而成的，或者是将弯曲的杉木片涂上漆制作而成。盒子高三寸，盖子一寸，底高二寸，直径为四寸。

则，是用海贝、牡蛎之类的壳制作而成，或者是用铜、铁、竹制作成的匕或匙。而所谓的则，指的是测量的标准。一般来说，如果煮一升的茶，需要用一方寸匕的茶末。如果喜欢喝淡茶，就应当适量减少一点茶末；如果喜欢喝浓茶，那么就适量增加一点茶末，因此这种量茶用具被称为“则”。

原典

水方

水方，以椆木、槐、楸、梓等合之，其里并外缝漆之。受一斗①。

漉水囊②

漉水囊，若常用者。其格以生铜铸之，以备水湿无有苔秽腥涩意。以熟铜苔秽③，铁腥涩④也。林栖谷隐者，或用之竹木。木与竹非持久涉远之具，故用之生铜。其囊，织青竹以卷之，裁碧缣以缝之，纽翠钿⑤以缀之，又作绿油囊⑥以贮之。圆径五寸，柄一寸五分。

注释

① 斗：计量单位。唐代十升为一斗。

② 漉水囊：即滤水袋。漉，过滤。

③ 苔秽：指铜和氧化合而成的化合物。其颜色为绿色，就像苔藓一样，所以称为苔秽。

④ 腥涩：指下文提到的铁腥涩，是铁氧化后产生的性状。

⑤ 翠钿：用碧玉、金片做成的花果形饰品。

⑥ 绿油囊：用绿色油绢做成的袋子，可以防水。

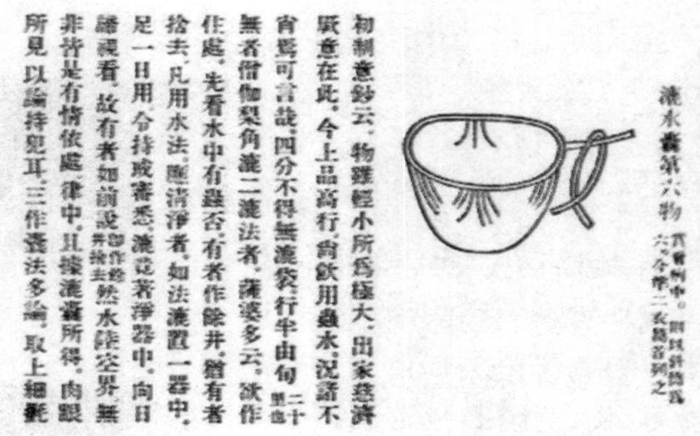

漉水囊　出自《佛制比丘六物图》

译文

水方，是用来盛水的工具，它是用椆木、槐木、楸木和梓木等作为材料制作而成。它的里外缝隙处都用油漆涂封住，容量有一斗。

漉水囊，是一种滤水用具。就像平常人们所用的，它的框架是用生铜铸造而成，这样可以避免因为湿水而产生绿苔一样的铜锈和污垢，使水出现铁腥味。之所以选用生铜，是因为熟铜容易产生铜锈，而用铁铸造又容易产生铁锈，使水带有腥涩味。此外，在山林水谷间隐居的人，也经常选用竹、木作为制作漉水囊框架的材料，但这样的框架有很大的缺点，既不耐用，也不方便远行的时候携带，所以，还是用生铜制作最好。滤水的袋子，先用青竹篾编成，再将其卷成袋形，然后裁剪碧绿色的绢进行缝制，并缝缀上用翠钿作为装饰的纽，再用绿油绢做一个口袋用来贮放漉水囊。漉水囊的口径为五寸，柄长是一寸五分。

原典

瓢

瓢，一曰牺杓[①]。剖瓠为之，或刊木为之。晋舍人杜育《荈赋》[②]云："酌之以匏。"匏，瓢也。口阔，胫薄，柄短。永嘉中，余姚人虞洪入瀑布山采茗，遇一道士，云："吾，丹丘子[③]，祈子他日瓯牺之余[④]，乞相遗也。"牺，木杓也。今常用以梨木为之。

竹筴

竹筴，或以桃、柳、蒲葵木为之，或以柿心木[⑤]为之。长一尺，银裹两头。

注释

① 牺杓：舀东西的器具。杓同"勺"。

② 杜育《荈赋》：杜育，西晋文人，曾任中书舍人、国子祭酒。《荈赋》是杜育撰的赋，描写的是茶。

③ 丹丘子：传说中的人物。丹丘，神话中神仙居住的地方。

④ 瓯牺之余：喝剩的茶。牺，勺子。瓯牺，指饮茶用的杯杓。

⑤ 柿心木：据《元和郡县志》卷二十九记载，在歙州黟县"有墨岭出墨石，又昔贡柿心木"。

译文

瓢，也叫牺杓，是将葫芦剖开制作而成的，也有的是用木头雕刻而成。西晋中书舍人杜育在《荈赋》中说："用匏来饮茶。"匏，就是瓢。瓢口宽阔，胫部很薄，瓢柄比较短。西晋永嘉年间，余姚人虞洪到瀑布山去采茶，遇见一个道士，道士对他说："我是丹丘子，希望你以后能将杯杓中剩余的茶送给我。"

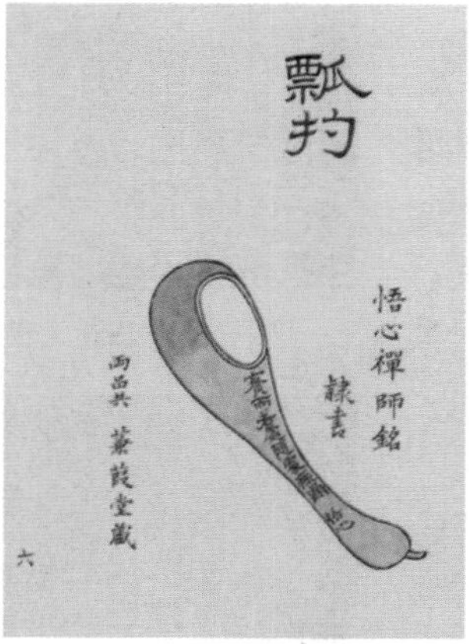

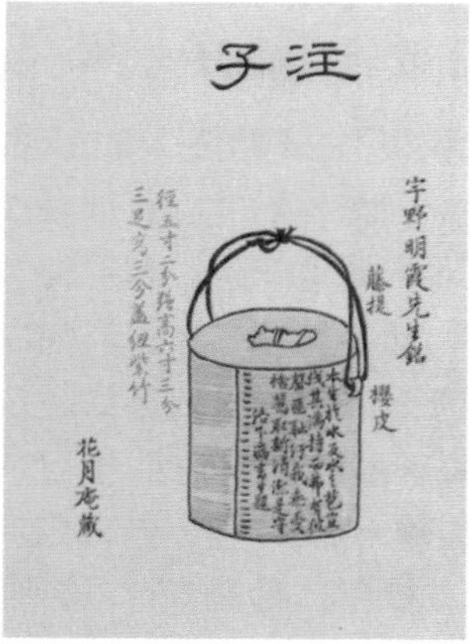

《卖茶翁茶器图》中的茶器

牺，就是木头勺子，现在常用的大多是用梨木制成的。

竹筴，有的是用桃木、柳木、蒲葵木制成的，有的则是用柿心木制成的。它的长度为一尺，两端用银包住。

原典

鹾簋[①] 揭

鹾簋，以瓷为之，圆径四寸，若合形，或瓶或罍[②]，贮盐花也。其揭[③]，竹制，长四寸一分，阔九分。揭，策也。

熟盂

熟盂，以贮熟水。或瓷或沙。受二升。

注释

①鹾簋：盛盐的器皿。鹾，指盐。簋，读音guǐ，古代盛食物的圆口器皿。

②罍：古代用来盛酒的器皿。

③揭：取盐用的长竹条。

译文

鹾簋，是盛盐的工具，瓷制成的。其直径为四寸，外形像盒子，也有的外形像瓶子，还有的像罍的形状，用来存放盐粒。揭，竹片制成的，长四寸一分，宽九分。这种揭，是专门用来取盐的。

熟盂，是用来盛开水的。它的制作材料有的是用瓷，有的是用陶，容量为二升。

原典

碗

碗，越州[①]上，鼎州[②]次，婺州[③]次，岳州[④]次，寿州[⑤]、洪州[⑥]次。或者以邢州[⑦]处越州上，殊为不然。若邢瓷类银，越瓷类玉，邢不如越一也；若邢瓷类雪，则越瓷类冰，邢不如越二也；邢瓷白而茶色丹，越瓷青而茶色绿，邢不如越三也。晋杜育《荈赋》所谓“器择陶拣，出自东瓯”。瓯，越也。瓯，越州上。口唇不卷，底卷而浅，受半升已下。越州瓷、岳瓷皆青，青则益茶，茶作白红之色。邢州瓷白，茶色红；寿州瓷黄，茶色紫；洪州瓷褐，茶色黑，悉不宜茶。

古代瓷碗

现代瓷碗

注释

① 越州：在今天浙江省绍兴地区，唐代，越州的越窑生产的青瓷非常名贵。
② 鼎州：在今陕西省泾阳、礼泉、三原一带。
③ 婺州：在今浙江省金华一带。
④ 岳州：在今湖南省长沙市以北的洞庭湖沿岸一带。
⑤ 寿州：在今安徽省淮南市以南霍山县一带。
⑥ 洪州：在今江西省南昌一带。
⑦ 邢州：在今河北省邢台一带。

译文

茶碗，按其品质来分等级，越州出产的最好，鼎州的次之，婺州的稍差一些，岳州的又差一些，寿州和洪州的更差一些。但也有人认为，邢州出产的茶碗比越州的还好，但事实并非如此。如果说邢窑产的瓷像银，那么越窑产的瓷则像玉，这是邢窑瓷不如越窑瓷的第一点；如果说邢窑产的瓷像雪，那么越窑产的瓷则像冰，这是邢窑瓷不如越窑瓷的第二点；邢窑产的瓷，其色白，可以使茶色泛红，越窑产的瓷，其色青，可以使茶色呈绿色，这是邢窑瓷不如越窑瓷的第三点。晋代杜育在《荈赋》中说：“挑选陶瓷器具，好的都产自东瓯地区。”瓯，指的就是越州。而作为陶瓷茶具也是越州产的最好，其口唇不卷边，底卷边呈浅弧形，容量在半升以下。越州瓷和岳州瓷都是青色的，青色瓷能增进茶汤的色泽，使茶汤呈浅红色。邢州瓷色白，其茶汤呈红色，寿州瓷色黄，其茶汤呈紫色；洪州瓷色褐，其茶汤呈黑色，这些瓷碗都不适合盛茶。

越窑瓷

越窑是中国最古老的瓷器窑场之一，越窑瓷则是唐宋时期著名的青瓷品种，越窑青瓷明彻如冰，晶莹温润如玉，色泽是青中带绿，与茶青色相近。其窑址在今天的浙江余姚、上虞等地。唐代的时候，煮茶或煎茶的茶汤以呈现绿色为好，因此陆羽认为绿色的茶汤就应当配青瓷的碗，如此才能在青瓷茶碗的映衬下，通过对茶汤颜色的观察品鉴出茶叶的品质。

唐代越窑青瓷碗

越窑产的茶具除了茶碗，还有瓯、执壶、杯、釜、罐、盏托和茶碾等器具。如今，越窑虽已不再产瓷器，但在余姚有“浙东越窑青瓷博物馆”，它是中国第一家专业越窑青瓷博物馆，里面收藏了从西周、春秋战国、东汉、三国、两晋、南北朝、隋唐、五代和北宋不同时代的六千多件越窑产品。

原典

畚[①]

畚，以白蒲卷而编之，可贮碗十枚。或用筥，其纸帊[②]以剡纸夹缝令方，亦十之也。

札

札，缉栟榈皮，以茱萸木夹而缚之，或截竹束而管之，若巨笔形。

涤方

涤方，以贮涤洗之馀。用楸木合之，制如水方。受八升。

滓方

滓方，以集诸滓，制如涤方。处五升。

巾

巾，以绝布[③]为之，长二尺。作二枚，互用之，以洁诸器。

注释

①畚：放碗的器具。

②纸帊：帛三幅称之为帊。这里指用纸包裹茶碗，防止放置的时候相互撞击而产生破损。

③绝布：粗的绸子。

译文

畚，是放碗的器具。它用白蒲草编制而成，里面可以放十只碗。也有一些畚是用竹筥编成的，然后再衬以用两层剡藤纸缝制成的纸帊，做成方形，这样也可以放十只碗。

札，是一种刷子。它的制作方法是，先将选取好的

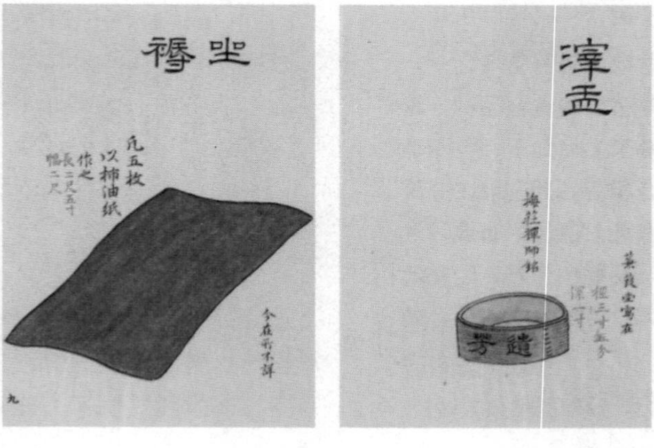

《卖茶翁茶器图》中的茶器

棕榈皮进行搓捻，然后用茱萸木夹住，并用绳绑紧。或者截取一段竹子，然后将搓捻后的棕榈皮插入竹管中，做成大毛笔的样子，用来做刷子用。

涤方，是用来贮放洗涤后剩余的水的。它是用楸木做成的，外形为盒形，其制作方法和水方一样。容量为八升。

滓方，用来盛放各种茶渣的，它的制作方法和涤方一样。容量为五升。

巾，用粗绸子制成的，长二尺。可以制作两块，交替使用，以清洁各种器具。

滓方与渣斗

渣斗，《茶经》中称“滓方”，为收集茶渣之器

《茶经》中称收集茶渣的器具为“滓方”，其实，除了这种称呼，它还有另一个叫法为“渣斗”，只是在形状上有些区别。渣斗在唐代曾经非常流行，但到了宋代就使用得越来越少，元代的时候则基本被废弃，原因是唐代流行的是煎茶，而宋朝流行的则是点茶，到了元朝不流行饮茶，所以饮茶方式由繁变简，茶具也自然跟着逐步简化，而渣斗用作茶具被淘汰成为自然的事了。

现在古玩行的一些人认为渣斗就是痰盂，这应该是一种错误的观点。虽然从造型上看，二者确实有些相似，但如果从实用性而言，这似乎是不合理的，因为唐代遗留下来的渣斗颈口非常细，再配合大敞的撇口，这样更利于茶水与茶渣的分离，而不适合往里吐痰。

原典

具列[①]

具列，或作床，或作架。或纯木、纯竹而制之，或木或竹，黄黑可扃[②]而漆者。长三尺，阔二尺，高六寸。具列者，悉敛诸器物，悉以陈列也。

都篮[③]

都篮，以悉设诸器而名之。以竹篾内作三角方眼，外以双篾阔者经之，以单篾纤者缚之，递压双经[④]，作方眼，使玲珑。高一尺五寸，底阔一尺，高二寸，长二尺四寸，阔二尺。

注释

①具列：用来贮藏和陈列茶具的柜子。

②扃：可以关锁的门。

③都篮：放置茶具的篮子。

④递压双经：指用单细篾交错地编压在做经线的双篾上。

译文

具列，有的做成床形，有的做成架形。有的纯用木制，有的纯用竹制，还有的是木、竹兼用。但不管哪种，都要有门可以关闭，外面漆成黄黑色。其长度为三尺，宽二尺，高六寸。之所以称为具列，是因为它是用来贮藏、陈列全部茶具的。

都篮，之所以叫这个名字，是因为全部的器具都能够陈放到这只篮子里面。它是用竹篾编制而成，里面编成三角形或方形的网眼，外面用两道宽的竹篾做经线，再用比较细的一个竹篾做纬线，然后将经纬线交错地编压在做经线的两道竹篾之上，使之呈方孔状，这样看上去比较玲珑好看。都篮的高为一尺五寸，底宽一尺，底高二寸，长二尺四寸，宽二尺。

古今茶叶的贮存

古代茶叶大多为饼茶，一般都是使用陶瓶贮存，有的则用夹层丝囊，这样可以防止潮气。还有的人用“焙”的方法：将饼茶用新鲜干燥的竹叶封裹严密，然后放入茶焙中，放2～3天后加温1次。不焙的时候，就用竹叶封裹严密，装到一个茶笼内，放到高一些的地方。另一种做法是将饼茶封存到一个干燥的漆器内，一年进行一两次的火烘。而贮存散茶是用瓷和紫砂做成的一种小口大肚的瓶子——茶罂，将茶叶放到里面，将口封严即可。另外，还可以选用竹叶编成的篓来贮存，方法是将青的茶叶烘焙去掉水分，再将茶凉凉，然后一层竹叶一层茶地放到篓里面，上面放上竹叶片，再用宣纸折叠6～7层，用火烘干以后扎紧罂口，上面再压上一块焙干的白木板，最后放到一个高的地方，每年拿出来焙4～5次。

现在，贮存茶叶不会像古人那样麻烦，如果是家居饮用的茶叶，量比较少，可以放在塑料袋、锡箔袋、铁皮罐、不锈钢罐和锡罐等里面，将口封严，放到一个阴凉的地方即可。如果长期保存，也可以放到冰箱里冷藏，尽量不要和其他食品放在一起，以免产生异味。若是大宗茶叶的贮存，则需将茶叶用牛皮纸包好，外面用铅皮包封，再放入隔年干燥去味的木板箱内，这样可以使茶叶长时间不变质。

茶叶贮存

五之煮

原典

凡炙茶，慎勿于风烬间炙，熛焰[1]如钻，使炎凉不均。持以逼火，屡其翻正，候炮出培塿[2]，状虾蟆背[3]，然后去火五寸。卷而舒，则本其始又炙之。若火干者，以气熟止；日干者，以柔止。

烘茶

注释

①熛焰：飞迸起来的火焰。

②培塿：指突起的小疙瘩。

③虾蟆背：本意指有很多丘泡，不平滑，此处形容茶饼在烘烤时表面突起的小疙瘩像蟾蜍的背一样不平滑。

译文

烘烤饼茶时，注意不要在迎风的余火上烤，因为飘忽不定的火苗就像钻子一样，使得饼茶受热不均匀。并且要夹着饼茶靠近火，同时应不停地翻转，等到饼茶的表面烘烤出突起的类似蛤蟆背上的小疙瘩时，再将饼茶挪到离火五寸的地方继续烘烤。当卷曲萎缩的饼茶又伸展开后，再按照前面的方法重新烤一次。如果制茶时是用火烘干的，那么就要烤到饼茶冒出热气为止；如果制茶时是晒干的，就要烤到柔软为止。

原典

其始，若茶之至嫩者，蒸罢热捣，叶烂而牙笋存焉。假以力者，持千钧杵亦不之烂，如漆科珠[1]，壮士接之，不能驻其指。及就，则似无禳骨[2]也。炙之，则其节若倪倪[3]如婴儿之臂耳。既而承热用纸囊贮之，精华之气无所散越，候寒末之。（末之上者，其屑如细米；末之下者，其屑如菱角。）

注释

①漆科珠：意思是用漆斗量珍珠，滑溜难量。科，用斗称量。

②禳骨：禳，通“穰”。穰是黍茎的内包部分。

③倪倪：指的是幼弱。

译文

在开始采制饼茶时，如果是特别鲜嫩的茶叶，蒸后要趁热将其捣烂，要捣得叶子已经很烂而茶芽和茶梗仍然保持着完整的样子。而且对于茶芽和茶梗来说，即便是非常有力气的人手持着千钧重的大杵去捣，也无法将其捣烂。这就像漆斗量珍珠，虽然轻而小，但再有力气的人也无法用手指将其拿稳捏牢一样，二者是同一个道理。茶叶捣好之后，如同没有筋骨的黍杆，此时再加以烘烤，茶就会柔软得像婴儿的手臂一样。饼茶烤好后，应当趁热用纸袋装好贮藏起来，使其清香之气能够保持，不至于散发出来，等饼茶冷下来之后再碾成细末（上等的茶末，其形状就像细米一样；下等的茶末，其形状就像菱角一样）。

古今茶叶的制作

唐朝的时候，蒸青制作饼茶已经有了完整的工序：采茶、蒸熟、捣碎、拍压、烘焙、穿饼、包装，共七道。宋代的时候，制茶技术发展很快，出现了做成团片状的龙凤团茶，这种茶的制作工艺也是分七道工序：采茶、蒸茶、榨茶、研茶、造茶、过黄、烘茶，但与唐代的时候已经有了区别。这种制作工序虽然可以提高茶叶的质量，但茶香受到了很大损失，而且费工耗时。为了改善这种缺点，人们又采取了蒸后不揉不压，直接烘干的方法，同时将蒸青团茶改为了蒸青散茶，明初的时候，这种茶大为盛行。但蒸青散茶的香味仍然不够浓郁，于是又出现了利用干热发挥茶叶优良香气的炒青技术，并且日渐得到完善。炒青制茶法为：高温杀青、揉捻、复炒、

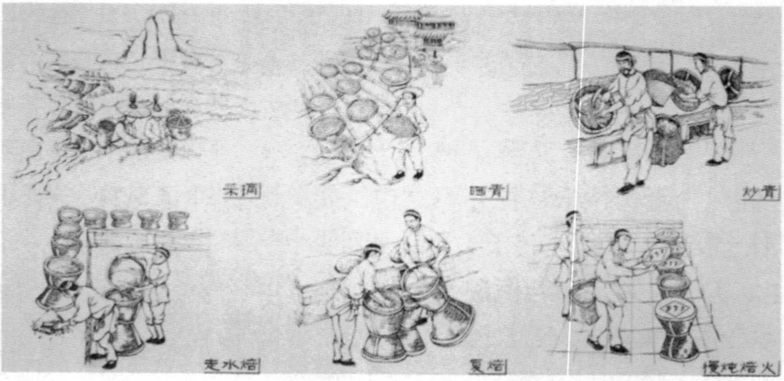

古代制茶工艺流程

烘焙至干，这种工艺和现代的炒青绿茶制法已经非常接近。现在，茶叶的制作工艺很多都是机械化，做得更加精细了，但手工制作流程和明清的时候差不多：采摘、晒青、凉青、摇青、筛青、炒青、揉捻、包捻、焙干。

原典

其火，用炭，次用劲薪[①]（谓桑、槐、桐、枥之类也）。其炭，曾经燔炙[②]，为膻腻所及，及膏木、败器，不用之。（膏木为柏、桂、桧也。败器，谓朽废器也。）古人有劳薪之味[③]，信哉。

注释

① 劲薪：指桑树、槐树、桐树、枥树之类的硬木柴。

② 燔炙：指烤肉。

③ 劳薪之味：指使用已经放置很久的废旧木材作为柴火，会使食物产生异味。劳薪，即膏木、败器。

译文

烘烤饼茶的火，最好选用木炭，其次是选用火力比较强的硬木柴（如桑木、槐木、桐木、枥木之类的）。曾经烤过肉类、沾染了腥膻油腻气味的木炭，以及含有油脂的木柴和朽坏了的木器，这些都不能用来烤茶煮茶。（膏木指的是柏木、桂木、桧木之类的木材；败器指的是已经腐朽废弃的木器）。古人认为“用腐朽坏了的木制器具烧煮食物，食物吃起来会有一种怪味”，这个看法是可信的。

木 炭

原典

其水，用山水上，江水中，井水下（《荈赋》所谓“水则岷方之注[①]，揖彼清流”）。其山水，拣乳泉、石地慢流者上。其瀑涌湍漱[②]，勿食之，久食，令人有颈疾。又多别流于山谷者，澄浸不泄，自火天至霜郊以前，或潜龙[③]蓄毒于其间，饮者可决之，以流其恶，使新泉涓涓然，酌之。其江水，取去人远者。井取汲多者。

注释

① 岷方之注：指流经岷地的河流。

② 瀑涌湍漱：指飞溅翻涌的急流。

③ 潜龙：古代人认为龙蛇之类的神物都居住在水里边，所以称为潜龙。

译文

煮茶所用的水，最好选用山上的水，其次是选择江水，最差的是井水。（这就像杜育在《荈赋》中所说的，煮茶的水，要用像岷山流下来的清流。）而山泉之水最好选取从石钟乳上滴下的以及在石池中缓慢流出的。不要选用那些奔涌湍急的水，因为长期饮用这种水会使人的颈部生病。还有一些由小溪流入山谷中的死水，虽然看起来非常清澈，但其实它们是不流动的，从热天到霜降之前，可能会有龙蛇之类的潜伏在其中，从而使得水质受到污染，产生积毒。对于这种水，如果要饮用，可以在用之前先挖开一个缺口，把受污染有毒的水放走，让新的泉水涓涓流入之后再加以饮用。选用江河的水，最好到远离人们居住的地方去取，而选用井水，则要选择人们经常饮用的井。

古今泡茶水的选择

古人饮茶是“煮”，现代饮茶则是“泡”，但不管哪种，对水质都有要求。古人对烹茶的用水极为讲究，陆羽将自然界的水分为三等：山泉水最佳，江水次之，井水是最差的。之所以山泉水最佳，是因为山泉水中含有丰富的有益于人体的矿物元素。这种看法是正确的，现代经过测验发现，泉水在涌出地面前是地下水，而经地层反复

瓶装沏茶专用山泉水

过滤后再涌出地面时，它的水质就会变得清澈透明，加之其在沿溪间流淌的时候又吸收了空气，增加了溶氧量后在二氧化碳的作用下，会溶解岩石和土壤中的钠、钙、钾和镁等矿物元素，所以具有一定的营养成分。但也有人认为，并非所有的泉水都可以用来泡茶喝，因为泉水融入了较多的矿物质，含盐量和硬度就会有比较大的差异，比如渗有硫黄的矿泉水就不能饮用，适宜煮茶泡茶的是只含有二氧化碳和氧的泉水。

除了山水、江水、井水之外，古人认为天然的雨雪水也可用来煮茶，雨水甚至被美称为“天泉”之水。如今，随着自然环境的破坏和污染的加重，我们已经不可能奢望像古人那样从山谷中的溪涧或江河中取得优质的水，更不能用雨雪水，现在最好的也就是井泉水。

判断水质好坏的标准为“清、轻、甘、冽、洁、活”，清指的是水没有沉淀物，透明无色；轻指杂质含量低；甘指水味甘甜；冽指水要冷；洁指水没有受到污染；活指水是流动的，不是死水。

原典

其沸，如鱼目①，微有声，为一沸；缘边如涌泉连珠，为二沸；腾波鼓浪，为三沸。已上，水老，不可食也。初沸，则水合量调之以盐味，谓弃其啜余。无乃䭋䁢②而钟其一味乎？第二沸，出水一瓢，以竹筴环激汤心，则量末当中心而下。有顷，势若奔涛溅沫，以所出水止之，而育其华也。

注释

①鱼目：刚沸腾的水泡就像鱼的眼睛一样。

②䭋䁢：指水淡而无味。

译文

煮水时，当水煮沸后，沸腾的水泡就像鱼眼，并且有轻微响声，这时称为“一沸”；继续煮下去，当锅的边缘有泡连珠般地向上冒时，这时称为“二沸”；再接着煮，如果沸水像水波一样翻腾，这时称为“三沸”。到了“三沸”就不能再往下煮了，否则，水就会煮老，无法再饮用。水刚沸腾的时候，根据水量放入适量的盐来调味，然后把尝过的剩水倒掉。否则，不就成了因为嫌水淡无味而喜爱盐水的咸味

现代煮茶图

古人煮茶图

了吗？当水第二沸的时候，先舀出一瓢水，并用竹筴在沸水中转圈搅动，再用“则”量好茶末对着旋涡的中心倒入。等一会儿，水就会大开，波涛翻滚，水沫飞溅，接着再把先前舀出的水加入里面，水就不会再沸腾，这样就能够保留住茶汤表面的精华——沫饽。

原典

凡酌，置诸碗，令沫饽均①。(《字书》并《本草》，饽均茗沫也。蒲笏反。)沫饽，汤之华也。华之薄者曰沫，厚者曰饽，细轻者曰花。如枣花漂漂然于环池之上，又如回潭曲渚②青萍之始生，又如晴天爽朗有浮云鳞然。其沫者，若绿钱浮于水渭，又如菊英堕于樽俎③之中。饽者，以滓煮之，及沸，则重华累沫，皤皤然④若积雪耳。《荈赋》所谓“焕如积雪，烨若春藪”，有之。

注释

① 饽均：均匀地分配。

② 回潭曲渚：回旋的池水中和沙洲曲折的水流。

③ 樽俎：指各种餐具。樽，盛酒的器具。俎，砧板。

④ 皤皤然：形容白色的水沫。皤皤，满头白发的样子。

煮茶时的沫饽

译文

饮茶的时候，需将茶汤舀到碗里，舀的时候应使沫饽均匀地放到每个碗中。(在《字书》以及《本草》中饽字都被解释为茶的汤沫，音蒲笏反。）沫饽，就是茶汤的精华。其中薄的叫“沫”，厚的叫“饽”，细轻的叫“花”。“花”的外形就像漂浮在圆形的池塘上的枣花，同时又像回环曲折的潭水以及沙洲间新生的青萍，还像晴朗天空中的鱼鳞般的浮云。“沫”的外形，则像浮于水边的绿苔，又像落入杯中的菊花。而饽则是用茶渣煮出来的，煮茶时，水沸腾后，水面上就会泛起一层很厚的白色沫子，样子就和白色的积雪一般。看来，杜育在《荈赋》中说的“明亮如积雪，灿烂如春花”的景象确实是存在的。

原典

第一煮水沸，而弃其沫之上有水膜如黑云母①，饮之则其味不正。其第一者为隽永（至美者曰隽永。隽，味也。永，长也。史长曰隽永。《汉书》：蒯通②著《隽永》发二十篇也），或留熟盂以贮之，以备育华救沸之用。诸第一与第二、第三碗次之。第四、第五碗外，非渴甚莫之饮。凡煮水一升，酌分五碗。（碗数少至三，多至五。若人多至十，加两炉。）乘热连饮之，以重浊凝其下，精英浮其上。如冷，则精英随气而竭，饮啜不消亦然矣。

注释

① 黑云母：指黑色或深褐色的云母，属于硅酸盐矿物。

② 蒯通：原名彻，西汉的辩士、谋士。

译文

茶第一次煮开的时候，要将浮沫上一层像黑云母似的膜状物去掉，否则，茶水喝起来味道不正。之后，第一次舀出的茶水，味道鲜美且回味悠长，因此称为“隽永”（茶味最好的称之为隽永，隽的意思是味，永的意思就是长，因此回味悠长就被称为隽永。《汉书》中说蒯通著有《隽永》二十篇）。通常人们将其贮放到熟盂里，以作为孕育精华和抑止沸腾之用。接下来的第一、第二、第三碗茶，味道与隽永相比就差了些。而第四、第五碗之后，如果不是特别渴，就不值得喝了。一般来说，煮一升水，可以分为五碗（至少分三碗，至多分五碗。如果客人多至十个，就要增加两炉），要趁热连续喝完。因为茶热时，重浊不清的物质会凝聚下沉，而精华都浮在上面，如果茶冷下来，浮在上面的精华就会随着热气散发掉，这样的茶喝下去，享受不到饮茶的乐趣也是自然的。

原典

茶性俭，不宜广，广则其味黯澹①。且如一满碗，啜半而味寡，况其广乎。其色缃②也，其馨欽也。其味甘，檟也；不甘而苦，荈也；啜苦咽甘，茶也。（一本云：其味苦而不甘，檟也；甘而不苦，荈也。）

注释

① 黯澹：淡而无味。

② 缃：浅黄色。

译文

茶的本性清淡俭约，所以水不适宜多放。水多了，茶喝起来就会淡薄无味。就像满满的一碗茶，喝掉一半就会觉得味淡了很多，何况水加多了呢！茶汤的颜色呈浅黄色，表明茶的味道很香。其中，味道甘甜的是“槚”，味道不甜还有些苦的是“荈”，入口时苦且咽下去又感到甘甜的是“茶”（还有一种说法是：味道苦涩而不甜的是“槚”；甜而不苦的是“荈”）。

茶不宜满

六之饮

原典

翼而飞，毛而走，呿而言①，此三者俱生于天地间，饮啄以活，饮之时义远矣哉！至若救渴，饮之以浆；蠲忧忿②，饮之以酒；荡昏寐③，饮之以茶。

注释

① 呿而言：指开口会说话的人类。呿，张口、开口。

② 蠲忧忿：指消除忧虑悲愤。蠲，免除、除去。

③ 荡昏寐：指消除昏沉困倦。荡，洗涤、清除。

译文

有翅膀能飞的禽鸟、长着毛能跑的兽类、开口能言的人类，这三类生长在天地间的生物都是靠饮食维持生命活动，可见饮是多么重要、多么意义深远。想要解渴，就必须喝水；想要消除忧虑悲愤，就需要饮酒；想要消除昏沉困倦，就需要喝茶。

原典

茶之为饮，发乎神农氏①，闻于鲁周公②。齐有晏婴③，汉有扬雄、司马相如④，吴有韦曜⑤，晋有刘琨、张载、远祖纳、谢安、左思之徒⑥，皆饮焉。滂时浸俗，盛于国朝，两都并荆渝间⑦，以为比屋之饮⑧。

注释

① 神农氏：即炎帝，传说中上古三皇之一。据说是炎帝创制了耒耜，并教民稼穑，所以其又被称为神农氏。后人伪托神农作了《神农本草》《神农食经》等书，其中提到了茶，所以说茶“发乎神农氏”。

② 鲁周公：即周公姬旦，周文王之子，曾辅佐周武王灭掉商。其擅于制礼作乐，后世尊称其为周公，又因为他的封国在鲁，所以也称其为鲁周公。后人曾伪托周公作《尔雅》一书，书中讲到了茶。

③ 晏婴：字平仲，春秋时期齐国著名的政治家，齐国名相。相传著有《晏子春秋》。

④ 司马相如：字长卿，成都人，西汉著名的文学家，尤以辞赋见长，著有《子虚赋》《上林赋》《长门赋》等。

⑤ 韦曜：本名韦昭，字弘嗣，三国时期吴国人，在吴国历任中书仆射、太傅等要职。为避司马昭讳，《三国志》作者陈寿将其改称韦曜。

⑥ 刘琨、张载、远祖纳、谢安、左思之徒：刘琨，字越石，西晋诗人，曾任西晋平北大将军等职。张载，字孟阳，西晋文学家，曾任著作郎、太子中舍人、中书侍郎等职，著有《张孟阳集》。远祖纳，即陆纳，字祖言，东晋时任吏部尚书等职，陆羽与其同姓，故尊为远祖。谢安，字安石，东晋名臣，曾任东晋征讨大都督。左思，字太冲，西晋著名文学家，代表作有《三都赋》《咏史诗》等。

⑦ 两都并荆渝间：两都，指长安和洛阳。荆，指荆州，治所在今湖北江陵。渝，指渝州，治所在今四川重庆一带。

⑧ 比屋之饮：指各家各户都饮茶。比，接连的意思。

译文

将茶作为饮料，最早始于神农氏，到鲁周公时，因为有了文字记载而被世人所知。春秋时期齐国的晏婴，汉代的扬雄、司马相如，三国时期吴国的韦曜，晋代的刘琨、张载、陆纳、谢安、左思等名人都喜欢喝茶。后来经过长时间的流传，饮茶逐渐成为一种社会风尚。到了我们唐朝，这种风尚也达到了极盛。在西都长安和东都洛阳，以及荆州、渝州等地，茶成为家家户户必喝的饮品。

品茶与喝茶

中国人饮茶特别讲究“品”，尤其是古人，品茶时十分注意意境，并且随着季节的更替而选择需要搭配的茶叶和茶具，从而做到天心、人心、茶心三心的互相感应和贯通合一。今天也有人喜欢品茶，虽然不会像古人那么讲究，但也需要一个安静的环境，有成套的茶具，再邀三五个友人，边品边聊。所以品茶往往重在精神的享受，通过观形、察色、闻香、尝味，使得饮者在情感上得到陶冶，这是一种意境、一种艺术的欣赏。而喝茶，其目的是为了满足人体对水的生理需求，达到解渴的效果，经常是快速地咽下，这样就缺少意境之美了。因此，品茶和喝茶是不同的，一个讲求质，一个讲求量；一个讲求精神，一个讲求生理，二者是质的不同。

明代文征明的《品茶图》

原典

饮有粗茶、散茶、末茶、饼茶者。乃斫、乃熬、乃炀、乃舂①，贮于瓶缶之中，以汤沃焉，谓之痷茶②。或用葱、姜、枣、橘皮、茱萸、薄荷③之等，煮之百沸，或扬令滑，或煮去沫，斯沟渠间弃水耳，而习俗不已。

注释

① 乃斫、乃熬、乃炀、乃舂：指制造粗茶、散茶、末茶、饼茶的方法。斫，指采摘茶树的叶子后将其制成粗茶。熬，指将茶树的叶子蒸煮后，烘干成散叶茶。炀，指茶树叶子经过焙烤到完全干燥状态后，将其碾成末茶。舂，指将茶树叶子经过捣碎茶叶的工序后制成茶饼。

② 痷茶：指没有经过煮沸程序，而只是用热水浸泡过的茶。痷，本意为病态，这里引申为半生不熟。

③ 薄荷：多年生草本植物。它的茎和叶可以提取薄荷油、薄荷脑。

译文

茶的种类分为粗茶、散茶、末茶、饼茶四类。经过砍、蒸、烤、捣四道工序加工后，将之放入瓶罐中，并用沸水冲灌，这种茶称为“夹生茶”。也有人将葱、姜、枣、橘皮、茱萸、薄荷和茶放在一起，反复烹煮，或者通过拂扬茶汤使之变清，或者煮好茶后将上面漂浮的茶沫去掉，这样的茶就像倒在沟渠里的废水一样，但长久以来大家都习惯这么做。

“吃茶”习俗

友人茶聚

随着时代的推进，“吃茶”习俗如今只在一些少数民族中存在，比如苗、侗、瑶、傣、仡佬和土家等族就有客人来了请“吃茶”的习俗，而在有些边远山区的汉族也有这种习俗。这些地区很多都是古茶区，其原料多是自采自制的当地大树茶。

吃茶好不好呢，有没有什么益处？科学研究发现，茶中不仅含有茶碱，还含有维生素 A、维生素 E、维生素 D、维生素 K，以及无机物钙、镁、铁、硫、铜和碘等，还有有机物如叶绿素、胡萝卜素、纤维素、蛋白质等，特别是维生素 E、胡萝卜素等含量很高，所以吃茶比饮茶更有益于身体健康。

原典

於戏！天育万物，皆有至妙。人之所工，但猎浅易。所庇者屋，屋精极；所著者衣，衣精极；所饱者饮食，食与酒皆精极之。茶有九难：一曰造，二曰别，三曰器，四曰火，五曰水，六曰炙，七曰末，八曰煮，九曰饮。阴采夜焙，非造也；嚼味嗅香，非别也；膻鼎腥瓯[①]，非器也；膏薪庖炭，非火也；飞湍壅潦[②]，非水也；外熟内生，非炙也；碧粉缥尘[③]，非末也；操艰搅遽[④]，非煮也；夏兴冬废，非饮也。

注释

① 膻鼎腥瓯：沾染了膻腥气味的茶炉和茶瓯。

② 飞湍壅潦：飞流湍急的溪水和停滞不流的积水。飞湍，飞奔的急流。壅潦，停滞的积水。

③ 碧粉缥尘：指品质较差的茶末的颜色呈青绿或青白色。

④ 操艰搅遽：指操作比较艰难而慌乱。遽，惶恐、窘急。

译文

啊，天地孕育万物，都有其最精妙之处，但人们所擅长的不过是那些浅显简易的东西。人居住的是房屋，于是就将房屋建造得非常精致；人穿的是衣服，于是就将衣服做得非常精美；饮食可以充饥填饱肚子，于是人们就将食物和酒也制作得非常精美（而对于饮茶，人们却并不怎么擅长）。概而言之，茶在制作和饮用方面有九个比较难的环节：一是制造，二是鉴别，三是器具，四是用火，五是选水，六是烘烤，七是碾末，八是烹煮，九是品饮。阴天采摘，夜间焙烤，是不正确的制造方法；仅依据咀嚼辨味，以及靠鼻闻来辨香气，这都是不正确的鉴别方法。用有膻气的茶铲和有腥气的茶瓯来煮茶，这是选择器具不当。用含有油脂的木柴以及烤过肉的炭来烧煮茶水，这是燃料选择的错误。用飞流湍急的水或停滞不流的死水，这是水源选择得不恰当。饼茶烘烤完后外熟而内生，这是烘烤不当而造成的。碾出的茶末呈青绿色或青白色，则说明捣碎茶叶的方法是不恰当的。操作不熟练或者搅动太急，说明烹煮茶叶的方法不对。只在夏天饮茶而冬天却不饮，这也是不良的饮食习惯。

原典

夫珍鲜馥烈[①]者，其碗数三；次之者，碗数五。若座客数至五，行三碗；至七，行五碗；若六人已下[②]，不约碗数，但阙一人[③]而已，其隽永补所阙人。

注释

① 珍鲜馥烈：指味道鲜美、气味浓香的新鲜茶。

② 若六人已下：《五之煮》有原注："碗数少至三，多至五。若人多至十，加两炉。"因此，"六"可能为"十"之误。

③ 阙一人：指缺少一碗茶。阙，缺少。

译文

味道鲜美、气味浓香的好茶，一炉只能煮三碗。味道稍差一些的茶，一炉最多也只能煮五碗。如果喝茶的客人达到了五个，煮出三碗传着喝。如果达到了七个人，煮出五碗传着喝。如果在六人之下，则不必计算碗数了，只不过缺少一个人的罢了，用“隽永”来补充就可以。

古今饮茶之不同

古人和我们现代人的饮茶方法是大不相同的。中国最早关于饮茶方法的记载是三国时期魏国人张揖在《广雅》中写道:“欲煮茗饮，先炙令赤色，捣末，置瓷器中，以汤浇覆之，用葱、姜、橘子芼之。”这说明当时的饮茶方法是“煮”，将饼茶烘烤之后捣碎成粉末，然后掺入葱、姜、橘子等调料，再放到锅里面烹煮。如此煮出来的茶就是粥的样子，人们在饮的时候需将茶和佐料一起喝下。这种饮茶方法到了唐朝的时候仍在使用，而且更加精致。

宋代的饮茶方法，是将筛过的茶末放入准备好的茶盏中，再向里面注入少量的开水，并搅拌均匀，之后再次注入开水，同时用一种叫“茶筅”的竹制器具反复击打茶水，以使其产生泡沫，当击打到泡沫布满整个茶面、茶盏边壁完全没有水痕的时候，就可以饮用了。从中我们可以看出，点茶法已不像唐代那样将茶末放到锅里去煮，也不像唐代及以前一样添加食盐，它保持了茶叶的真味。点茶法在宋代传入了日本，一直到今天，日本茶道中的抹茶道采用的仍是点茶法。

明代陈洪绶《停琴品茗图》

明代的时候，朱元璋的第十六子朱权对饮茶方法做了改革，他认为饮茶是用以修身养性的，而且饼茶不如叶茶，于是从此之后，人们都改变了原来的饮茶之法，改为直接用开水冲叶茶喝。一直到今天，我们基本上采用的是这种饮茶方法，而且更加随意、简单，很多人都是随便在茶杯里放点茶叶，拿开水一冲，凉一凉就喝。说通俗一点，我们现代的饮茶方法只能称为“喝”，不能称为“饮”了，因为“饮”还包含一定的“品”的意思，要讲究环境、茶具、情怀等。

七之事

原典

三皇：炎帝神农氏。

周：鲁周公旦，齐相晏婴。

汉：仙人丹丘之子，黄山君[①]，司马文园令相如，扬执戟雄。

吴：归命侯[②]，韦太傅弘嗣[③]。

注释

① 黄山君：古代传说中的人物。

② 归命侯：即三国时期东吴的亡国之君孙皓。公元 280 年，西晋灭掉东吴，孙皓投降，被封为“归命侯”。

③ 韦太傅弘嗣：指韦昭，也就是韦曜，三国时期吴国人，著名史学家。

译文

上古三皇时代：炎帝神农氏。

周代：鲁国的创始人周公，其名为旦；齐国的国相晏婴。

汉代：仙人丹丘子、黄山君；孝文园令司马相如，给事黄门侍郎扬雄。

三国吴：归命侯孙皓，太傅韦曜字弘嗣。

宋代黄庭坚的《品令茶词》（局部）

原典

晋：惠帝[①]，刘司空琨，琨兄子兖州刺史演[②]，张黄门孟阳[③]，傅司隶咸[④]，江洗马统[⑤]，孙参军楚[⑥]，左记室太冲[⑦]，陆吴兴纳，纳兄子会稽内史俶[⑧]，谢冠军安石，郭弘农璞，桓扬州温[⑨]，杜舍人育，武康小山寺释法瑶[⑩]，沛国夏侯恺[⑪]，余姚虞洪，北地傅巽[⑫]，丹阳弘君举[⑬]，乐安任育长[⑭]，

注释

① 惠帝：晋惠帝司马衷，西晋第二代皇帝。

② 琨兄子兖州刺史演：演，即刘演，字始仁，刘琨的侄子，西晋人，曾任兖州刺史。

③ 张黄门孟阳：即西晋诗人张载。他并没有担任过黄门侍郎一职，任黄门侍郎的是他的弟弟、诗人张协。

④ 傅司隶咸：傅咸，字长虞，西晋思

宣城秦精⑮，敦煌单道开⑯，剡县陈务妻，广陵老姥⑰，河内山谦之⑱。

译文

晋代：惠帝司马衷，司空刘琨，刘琨兄长的儿子、兖州刺史刘演，黄门侍郎（应为中书侍郎，张载未担任过黄门侍郎——编者注）张载，司隶校尉傅咸，太子洗马江统，扶风参军孙楚，记室督左思，吴兴太守陆纳，陆纳兄长的儿子、会稽内史陆俶，冠军将军谢安，弘农太守郭璞，扬州牧桓温，中书舍人杜育，武康小山寺和尚释法瑶，沛国的夏侯恺，余姚的虞洪，北地的傅巽，丹阳的弘君举，乐安的任育长，宣城的秦精，敦煌的单道开，剡县的陈务的妻子，广陵郡的一老妇人，河内的山谦之。

晋惠帝司马衷像

想家傅玄的儿子。因为曾担任过司隶校尉，所以称"傅司隶咸"。

⑤江洗马统：江统，字应元，西晋人。曾任太子洗马。

⑥孙参军楚：孙楚，字子荆，西晋诗人，曾任扶风参军。

⑦左记室太冲：即左思，其曾被齐王司马冏召为记室督。

⑧纳兄子会稽内史俶：指陆俶，陆纳兄长的儿子，东晋人，曾任会稽内史。

⑨桓扬州温：桓温，字符子、元子，东晋大将，曾任扬州牧。

⑩武康小山寺释法瑶：武康，地名，在今浙江省德清县以西。释法瑶，南朝时期宋国高僧。

⑪沛国夏侯恺：沛国，地名，在今江苏沛县一带。夏侯恺，晋书中并没有关于他的记载，只有干宝《搜神记》提到过他。

⑫北地傅巽：傅巽，汉末三国时评论家。

⑬丹阳弘君举：丹阳，地名，也称丹杨，晋时为丹阳郡，辖境在今江苏省西南部及与之接境的安徽省芜湖一带。弘君举，晋人，生平不详。

⑭乐安任育长：乐安，晋代的时候为乐安国，辖境在今山东省中部寿光、昌乐一带。任育长，生卒年不详，名瞻，字育长，曾任天门太守等职，今河南渑池人。

⑮宣城秦精：宣城，晋时为宣城郡，辖境在今安徽省南部宣

城地区一带。秦精，《续搜神记》中的人物。

⑯ 敦煌单道开：敦煌，西晋时为敦煌郡，辖境在今甘肃省敦煌、肃北一带。单道开，东晋著名僧人。

⑰ 剡县陈务妻，广陵老姥：剡县，晋时属会稽郡，辖境在今浙江省嵊州市。陈务妻，一个叫陈务的人的妻子，是《异苑》中的人物。广陵，辖境在今扬州一带。老姥，《广陵耆老传》中的人物。

⑱ 河内山谦之：河内，指河内郡，南北朝时其辖境在今河南省沁阳一带。山谦之，著有《寻阳记》《吴兴记》等。

原典

后魏：瑯琊王肃①。

宋：新安王子鸾②，鸾弟豫章王子尚③，鲍昭妹令晖④，八公山沙门谭济⑤。

齐：世祖武帝⑥。

梁：刘廷尉⑦，陶先生弘景⑧。

皇朝：徐英公勣⑨。

明代丁云鹏的《煮茶图》

注释

① 琅琊王肃：王肃，字恭懿，琅琊（今山东临沂）人，北魏著名经济学家，东晋王导的后代。曾任尚书令等职。

② 新安王子鸾：刘子鸾，南朝宋孝武帝的儿子，被封为新安王。

③ 鸾弟豫章王子尚：刘子尚，南朝宋孝武帝的儿子，刘子鸾的弟弟，被封为豫章王。

④ 鲍昭妹令晖：鲍昭，应为鲍照，字明远，南朝著名文学家。其妹鲍令晖，擅长诗赋，生卒不可考。

⑤ 八公山沙门谭济：八公山，在今安徽寿县以北。沙门，梵语的音译，佛教中指出家修行的人。潭济，应为昙济，曾著《五家七宗论》，南朝著名僧人，撰有《七宗论》等。

⑥ 世祖武帝：即齐武帝萧赜，南朝时南齐的第二个皇帝。

⑦ 刘廷尉：即刘孝绰，南朝萧梁时期著名文学家，曾任太子太仆兼廷尉卿，受到梁昭明太子的赏识。

⑧ 陶先生弘景：陶弘景，字通明，南朝齐梁时著名道士，著有《神农本草经集注》。

⑨ 徐英公勣：即徐世勣，唐朝开国功臣，赐姓李，被封为英国公。

译文

北魏：琅琊人王肃。

南朝宋：新安王刘子鸾，刘子鸾的弟弟、豫章王刘子尚，鲍照的妹妹鲍令晖，八公山的和尚昙济。

南朝齐：世祖武帝萧赜。

南朝梁：廷尉刘孝绰，陶弘景先生。

唐代：英国公徐勣。

原典

《神农食经》[①]：“茶茗久服，令人有力悦志。”

周公《尔雅》：“槚，苦荼。”

《广雅》[②]云：“荆巴间采叶作饼，叶老者，饼成，以米膏出之。欲煮茗饮，先炙令赤色，捣末置瓷器中，以汤浇覆之，用葱、姜、橘子芼之。其饮醒酒，令人不眠。”

《晏子春秋》[③]：“婴相齐景公时，食脱粟之饭，炙三弋、五卵、茗、菜而已。”

译文

《神农食经》中记载：“长时间饮茶，会使人精力充沛、心神舒畅。”

据传为周公所撰的《尔雅》一书中记载：“槚，就是苦茶。”

《广雅》一书中记载：“在荆州、巴州一带，人们采摘茶叶制成饼茶，其中叶子老的，制成饼茶后，还需要用米汤浸泡。如果烹煮饮用，需先把饼茶烘烤成红色，再捣成碎末放到瓷器中，然后用沸水冲泡，再放些葱、姜、橘子等作为配料，最后加以搅拌，调和为羹。饮用这种茶可以起到醒酒的作用，但同时也会让人感觉难以入眠。”

《晏子春秋》中记载：“晏婴在担任齐景公的国相时，吃的是粗粮，副食也只是烧烤的禽鸟和蛋类，除此之外，也只有茶和蔬菜罢了。”

注释

①《神农食经》：古书名，已佚。

②《广雅》：字书。三国时期魏国的张揖续补《尔雅》的训诂学著作。

③《晏子春秋》：又称《晏子》，旧题为春秋时期齐国晏婴所撰，其实应为后人假托而作。

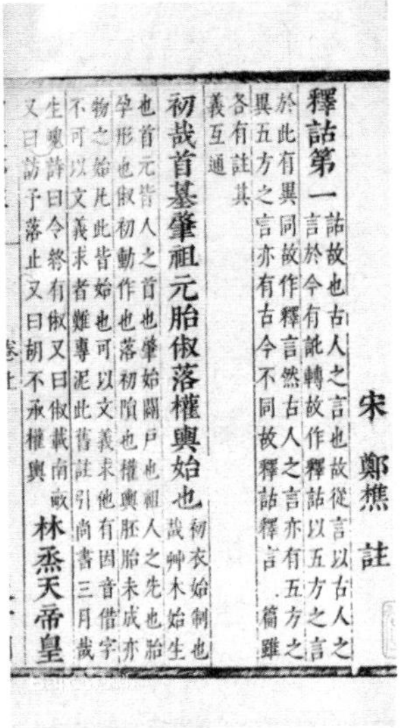

宋 鄭樵 註

釋詁第一 詁故也古人之言也故從言以古人之言於今有訛轉故作釋詁以五方之言於此有異同故作釋言然古人之言亦有五方之異五方之言亦有古今不同故釋詁釋言.篇雖各有註其義互通

初哉首基肇祖元胎俶落權輿始也 初衣始制也哉艸木始生也首元皆人之首也肇始闢戸也祖人之先也胎孕形也俶初動作也落初隕也權輿胚胎未成亦物之始凡此皆始也可以文義求他有因音借字不可以文義求者難專泥此舊註引尚書三月哉生魄詩曰令終有俶又曰俶載南畝又曰訪予落止又曰胡不承權輿

林烝天帝皇

《尔雅》注疏

原典

司马相如《凡将篇》[①]："乌喙，桔梗，芫华，款冬，贝母，木蘖，蒌，芩，草芍药，桂，漏芦，蜚廉，雚菌，荈诧，白敛，白芷，菖蒲，芒消，莞椒，茱萸。"

《方言》[②]："蜀西南人谓茶曰蔎。"

《吴志·韦曜传》："孙皓每飨宴，坐席无不率以七胜[③]为限，虽不尽入口，皆浇灌取尽。曜饮酒不过二升，皓初礼异，密赐茶荈以代酒。"

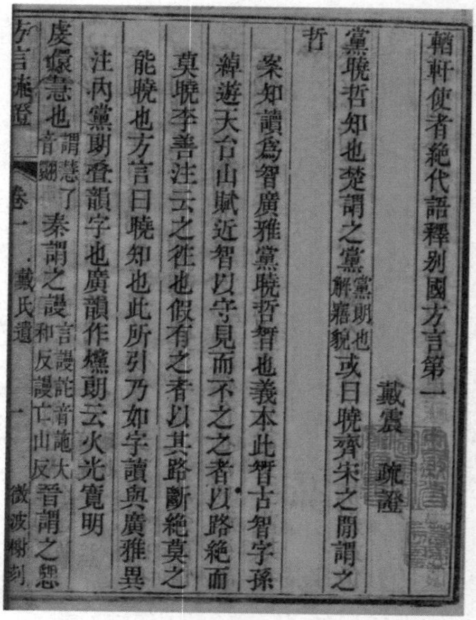
輶軒使者絕代語釋別國方言第一
戴震 疏證
黨曉哲知也楚謂之黨（黨朗也解寤貌）或曰曉齊宋之間謂之
哲
案知讀爲智廣雅黨曉哲智也義本此智古智字孫
綽遊天台山賦近智以守見而不之之者以路絕而
莫曉李善注云之往也假有之者以其路斷絕莫之
能曉也方言曰曉知也此所引乃如字讀與廣雅異
注內黨朗疊韻字也廣韻作爣朗云火光寬明
虔儇慧也（謂慧了）（音翾）秦謂之謾（言謾詑）（詑音蒲大和反 謾亡山反）晉謂之㦟
方言疏證 卷一 戴氏遺 一 微波榭刻

清代戴震为《方言》校注的《方言疏证》原文

注释

①《凡将篇》：西汉司马相如所撰的一部字书。

②《方言》：西汉文学家扬雄所撰，全称为《輶轩使者绝代语释别国方言》，是中国语言学史上第一部对方言词汇进行比较研究的专著。

③七胜：胜，同"升"，三国时的一升比今天的一升略少。

译文

汉代司马相如在《凡将篇》中记载的药物有：乌喙、桔梗、芫华、款冬、贝母、黄柏、蒌菜、黄芩、赤芍、木桂、漏芦、飞廉、雚菌、荈茶、白蔹、白芷、菖蒲、芒硝、花椒、茱萸。

汉代扬雄在《方言》中记载：蜀地西南的人将茶称为蔎。

陈寿在《三国志·吴志·韦曜传》中记载：吴国君主孙皓在每次设宴的时候，总是要求在座的每个人至少饮酒七升，即使不能全部喝下去，也都要酌取完毕。韦曜的酒量不超过二升，孙皓开始对他非常尊重，暗中赐予茶以代替酒来喝。

原典

《晋中兴书》[①]："陆纳为吴兴太守时，卫将军谢安常欲诣纳(《晋书》云纳为吏部尚书)，纳兄子俶怪纳无所备，不敢问之，乃私蓄十数人馔。安既至，所设唯茶果而已。俶遂陈盛馔，珍羞必具。及安去，纳杖俶四十，云：'汝既不能光益叔父，奈何秽吾素业？'"

《晋书》[②]："桓温为扬州牧，性俭，每宴饮，唯下七奠拌茶果而已。"

《搜神记》[③]："夏侯恺因疾死。宗人字苟奴，察见鬼神，见恺来收马，并病其妻。著平上帻、单衣，入坐生时西壁大床，就人觅茶饮。"

注释

①《晋中兴书》：南朝时期宋国的何法盛所撰，已佚，现有清人辑存一卷。

②《晋书》：著作详情未知，已佚。

③《搜神记》：东晋干宝所撰，共三十卷，是中国志怪小说之始。

唐周昉《调琴啜茗图卷（听琴图）》

译文

《晋中兴书》中记载："陆纳在做吴兴太守的时候，卫将军谢安总想去拜访他（《晋书》中记载：陆纳担任的是吏部尚书一职）。陆纳兄长的儿子陆俶埋怨陆纳不做准备，但又不敢上前去质问，于是就私下准备了十几个人的饭菜。谢安来了之后，陆纳只准备了茶和果品来招待。陆俶就摆出私下准备好的丰盛的筵席，山珍海味、珍稀佳肴，非常齐全。等谢安走后，陆纳很生气地打了陆俶四十板子，并训斥他说：'你既不能让你的叔父增加光彩，为什么还要玷污我素来廉洁的名声呢？'"

《晋书》中记载："桓温在做扬州牧的时候，秉性节俭，每次开设宴会时，只摆出七盘茶果罢了。"

干宝的《搜神记》中记载："夏侯恺因病去世，其族人的儿子、一个叫苟奴的人能看到鬼魂。他看到夏侯恺来取马匹，并使他的妻子也染上了病。他还看到夏侯恺的头上戴着当时武官所戴的平上帻，穿着单衣，进到屋里坐到他生前常坐的、靠近西墙的大床上，并向人要茶喝。"

原典

刘琨《与兄子南兖州[①]刺史演书》云："前得安州[②]干姜一斤、桂一斤、黄芩一斤，皆所须也。吾体中溃闷，常仰真茶，汝可置之。"

傅咸《司隶教》曰："闻南市有蜀妪作茶粥卖，为廉事打破其器具。后又卖饼于市。而禁茶粥以困蜀妪，何哉？"

《神异记》[③]："余姚人虞洪入山采茗，遇一道士，牵三青牛，引洪至瀑布山。曰：'予，丹丘子也。闻子善具饮，常思见惠。山中有大茗，可以相给，祈子他日有瓯牺之余，乞相遗也。'因立奠祀。后常令家人入山，获大茗焉。"

注释

① 南兖州：东晋时州名，治所在今江苏镇江市。

② 安州：东晋时州名，治所在今河北隆化一带。

③《神异记》：西晋道士王浮所撰，原书已佚。

译文

刘琨在《与兄子南兖州刺史演书》中写道："前些时候收到你寄来的安州干姜一斤、桂圆一斤、黄芩一斤，这些都是我所需要的。我心胸烦闷，经常要依赖真正的好茶来提神解闷，你可以多购买一些。"

傅咸在《司隶教》中说："听说京城洛阳有一个来自四川的老婆婆煮茶粥卖，廉事将她的器皿打破了。后来老婆婆又在市场上卖饼。为什么禁止老婆婆卖茶粥呢？"

《神异记》中记载："余姚人虞洪进山去采茶，遇见一个道士牵着三头青牛。道士带领虞洪来到瀑布山，并对他说：'我是丹丘子，听说你善于煮茶，常想借你的光尝一尝，希望你能赠我一些。这个山里有大茶树，可以供你采摘茶叶，希望以后你把那喝不完的茶，能送一些给我喝。'于是，虞洪就设茶进行祭祀。后来常让家人进山，果然找到了大茶树。"

原典

左思《娇女诗》[①]："吾家有娇女，皎皎颇白皙。小字为纨素，口齿自清历。有姊字惠芳，眉目灿如画。驰骛翔园林，果下皆生摘。贪华风雨中，倏忽数百适。

心为茶荈剧，吹嘘对鼎铴 。”

张孟阳《登成都楼诗》② 云：“借问杨子舍，想见长卿庐。程卓 ③ 累千金，骄侈拟五侯 ④。门有连骑客，翠带腰吴钩。鼎食随时进，百和妙且殊。披林采秋橘，临江钓春鱼。黑子过龙醢 ⑤，果馔逾蟹蝑 ⑥。芳茶冠六清 ⑦，溢味播九区 ⑧。人生苟安乐，兹土聊可娱。”

左思像

注释

①《娇女诗》：西晋左思所作，描写了两个女子的娇态，《茶经》只引用了一部分，并稍有改动。

②《登成都楼诗》：西晋张载所作，《茶经》引用了其中的一部分。

③ 程卓：指西汉的程郑与蜀国的卓王孙，他们到蜀地以后，都因为冶铸而成为巨富。

④ 骄侈拟五侯：指骄奢淫逸，可以比拟王侯之家。五侯，泛指权贵之家、富贵之家。

⑤ 黑子过龙醢：醢，肉酱。龙醢，比喻极美味的食品。

⑥ 蟹蝑：指蟹酱。

⑦ 六清：指水、浆、醢、涼、医和酏六种饮料。

⑧ 九区：古人将中国分为冀、兖、青、徐、扬、荆、豫、梁和雍九州，后来用以泛指天下。

译文

西晋左思在《娇女诗》中写道：“我家有娇女，长得很白皙。小名叫纨素，口齿很伶俐。她的姐姐叫惠芳，眉目长得美如画。在园林中跑跑跳跳，果子未熟就摘下。爱花哪管风和雨，跑进跑出上百次。看见煮茶心高兴，对着茶炉帮忙吹气。”

张孟阳在《登成都楼诗》中说：“请问当年扬雄的居舍在哪里？司马相如的故居又是什么样子？昔日蜀地的富豪程郑、卓王孙两家富有千金，其生活骄奢淫逸的程度，可以说堪比王侯之家。他们的门前经常车水马龙，贵客盈门，腰间飘曳着绿色的缎带，佩挂着宝剑吴钩。家中吃的山珍海味随时节而进奉，其百味调和可以说是精妙无双。真是显赫权贵啊！而在富庶的山川，到了秋天，四川的人们在橘林中采摘着柑橘。到了春天，人们去江边垂钓肥鱼。果品胜过佳肴，鱼肉胜过蟹酱。四川的香茶在各种饮料中可称第一，其美味醇香负有盛名。如果人生只是苟求安乐，那么成都这个地方还是可供人们娱乐享受的。”

原典

傅巽《七诲》①：“蒲桃、宛柰②，齐柿、燕栗，恒阳黄梨，巫山朱橘，南中③茶子，西极石蜜。”

弘君举《食檄》：“寒温④既毕，应下霜华之茗⑤。三爵而终，应下诸蔗、木瓜、元李、杨梅、五味、橄榄、悬豹⑥、葵羹各一杯。”

孙楚《歌》⑦：“茱萸出芳树颠，鲤鱼出洛水⑧泉。白盐出河东⑨，美豉出鲁渊。姜桂茶荈出巴蜀，椒橘木兰出高山。蓼苏出沟渠，精稗出中田。”

唐 作者不详《宫乐图》

注释

①《七诲》：七，源于西汉枚乘的《七发》，是古代的一种文体。

② 蒲桃、宛柰：蒲地所产的桃子和宛地所产的柰子。蒲，在今天的山西省境内。宛，在今天的河南省南阳市。柰，属于果树的一种。

③ 南中：古代对于今天四川、云南、贵州一带的总称。

④ 寒温：即寒暄。

⑤ 霜华之茗：指漂浮着白色茶末的上等茶。

⑥ 悬豹：应是“悬瓠”的误写。

⑦《歌》：也有的认为是《出歌》，《太平御览》就引为《出歌》。

⑧ 洛水：源于陕西洛南县的西北部，最终在巩义的洛口处汇入黄河。

⑨ 河东：地名，辖区在今山西境内。

译文

傅巽在《七诲》中写道：“蒲地的桃子，宛地的柰子，齐地的柿子，燕地的板栗，恒阳的黄梨，巫山的红橘，南中的茶子，西极的石蜜。”

弘君举在《食檄》中写道："客人见面嘘寒问暖之后，就要献上浮有沫饽的好茶；三杯过后，就应该向客人奉上用甘蔗、木瓜、元李、杨梅、五味、橄榄、悬豹和冬葵做的羹各一杯。"

孙楚在《歌》中说："茱萸出在芳树颠，鲤鱼出自洛水中。白盐出自河东，美豉出自鲁渊。姜、桂、茶出自巴蜀，椒、橘、木兰出自高山。蓼苏长在沟渠中，稗子长在稻田中。"

原典

华佗《食论》①："苦茶久食，益意思。"

壶居士②《食忌》："苦茶久食，羽化③。与韭同食，令人体重。"

郭璞《尔雅注》云："树小似栀子，冬生，叶可煮羹饮。今呼早取为茶，晚取为茗。或一曰荈，蜀人名之苦茶。"

注释

① 华佗《食论》：华佗，字元化，东汉末年的名医。《食论》今已佚。

② 壶居士：道教传说中的真人，也称为壶公。

③ 羽化：源于古代阴阳学，指的是修炼成仙。

译文

华佗在《食论》中说："长期饮用苦茶，有助于提高思维能力。"

壶居士在《食忌》中说："长期饮用苦茶，会使人身轻体健，就像羽化成仙一样。如果将苦茶和韭菜一起服用，会使人增加体重。"

郭璞在《尔雅注》中说："茶树矮小就像栀子一样，到了冬天，叶子也不凋零，可以将其煮茶饮用。如今将早采的芽叶称为'茶'，晚采的芽叶称为'茗'，也有称晚采的为'荈'的，蜀地的人则称之为'苦茶'。"

华佗像

原典

《世说》[①]：“任瞻，字育长，少时有令名，自过江[②]失志。既下饮，问人云：‘此为茶？为茗？’觉人有怪色，乃自分明云：‘向问饮为热为冷。’”

《续搜神记》[③]：“晋武帝世，宣城人秦精，常入武昌山采茗。遇一毛人，长丈余，引精至山下，示以丛茗而去。俄而复还，乃探怀中橘以遗精。精怖，负茗而归。”

《晋四王起事》[④]：“惠帝蒙尘[⑤]还洛阳，黄门[⑥]以瓦盂盛茶上至尊[⑦]。”

辽代张文藻墓煮茶壁画设计图

注释

①《世说》：即《世说新语》，南朝宋临川王刘义庆著，共分三十六门。

②过江：西晋被灭掉后，晋皇室南渡长江，在建康建立了东晋。与此同时，很多西晋的旧臣和士族望门人士也随之南渡，于是称之为过江。

③《续搜神记》：又称《搜神后记》，旧题陶潜著，实为后人伪托的作品。

④《晋四王起事》：东晋卢綝著，原书已佚。

⑤蒙尘：比喻君王因流亡或失位而遭受的垢辱。

⑥黄门：指宦官。

⑦至尊：指晋惠帝。

译文

刘义庆在《世说新语》中记载：“任瞻，字育长，年轻的时候有很好的名望，但自从过江以后，就变得有些糊涂了。一次去做客，主人奉上茶，他竟问别人：‘这是茶还是茗？’当看到别人惊异的表情时，又解释说：‘我刚才是问，茶是热的还是凉的。’”

《续搜神记》中记载：“晋武帝的时候，宣城人秦精经常到武昌山去采茶。有一次，他遇见一个身高有一丈多的毛人，毛人将秦精引到山下，然后将一片茶树林指给他看，接着就离去了。过了一会儿，毛人又返回来，并从怀中掏出橘子送给秦精。秦精很害怕，就急忙背着茶叶回家了。”

《晋四王起事》中记载：“西晋赵王伦叛乱时，晋惠帝流亡到外面，等他返回京都洛阳时，宦官用陶钵盛茶献给他喝。”

原典

《异苑》[①]：“剡县陈务妻，少与二子寡居，好饮茶茗。以宅中有古冢，每饮辄先祀之。二子患之曰：‘古冢何知？徒以劳意！’欲掘去之，母苦禁而止。其夜，梦一人云：‘吾止此冢三百余年，卿二子恒欲见毁，赖相保护，又享吾佳茗，虽潜壤朽骨，岂忘翳桑之报[②]！’及晓，于庭中获钱十万，似久埋者，但贯新耳。母告二子，惭之。从是祷馈愈甚。”

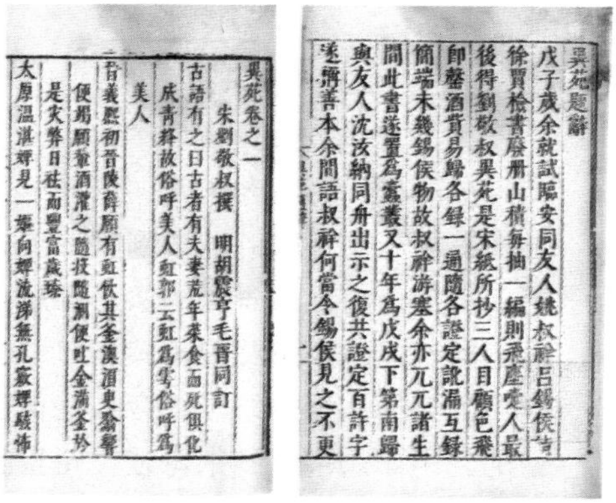
異苑題辭
戊子歲余就試臨安同友人姚叔祥呂錫侯寺
徐買檢書廢冊山積每抽一編則飛塵叢人最
後得劉敬叔異苑是宋紙所抄三人目顧色飛
即罄酒貲易歸各錄一通隨各證定訛漏互錄
簡端未幾錫侯物故叔祥游塞余亦兀兀諸生
間此書遂置爲蠹叢又十年爲戊戌下第南歸
與友人沈汝納同舟出示之復共證定百許字
遂稱善本余間語叔祥何當令錫侯見之不更

異苑卷之一
宋劉敬叔撰　明胡震亨毛晉同訂
古語有之曰古者有夫妻荒年菜食而死俱化
成青絆故俗呼美人虹郭云虹爲雩俗呼爲
美人
晉義熙初晉陵薛願有虹飲其釜澳須臾噏響
便竭願輦酒灌之隨投隨涸便吐金滿釜於
是災弊日祛而豐富歲臻
太原溫湛婢見一蟻向婢流涕無孔竅婢駭怖

异苑原文

注释

①《异苑》：东晋末刘敬叔著，今存十卷。记载的大部分为神异之事，还有些佛道之类的。

②翳桑之报：翳桑，古地名。春秋时晋大夫赵盾，曾在翳桑救了将要饿死的灵辄，后来晋灵公在一次宴席上准备杀掉赵盾，此时已成为晋灵公甲士的灵辄为报恩，反击欲杀赵盾的甲士，从而救出了赵盾。后世将此事称为“翳桑之报”。

译文

东晋末的刘敬叔在《异苑》中记载：“剡县陈务的妻子，年轻的时候就带着两个儿子守寡。她喜欢饮茶，由于住的院落中有一座古墓，因此每次饮茶前，她总是先向古墓祭祀一杯茶。两个儿子感到古墓是个祸患，就对母亲说：‘一个古墓能知道什么？不过是浪费心力罢了。’并想把古墓挖掉。她苦苦劝说两个儿子，他们方才作罢。当天夜里，陈务的妻子梦见一个人对她说：‘我住在这座墓里已经有三百多年了，您的两个儿子一直都想毁掉墓，幸亏有了您的保护，又以好茶供奉我，虽然我是深埋在地下的枯骨，但怎么能忘恩不报呢？’天亮后，陈务的妻子就在院子里发现了十万铜钱，铜钱看上去像是在地下埋藏了很久，但穿钱的绳子却是新的。她立刻把这件事情告诉了两个儿子，他们听后感到很惭愧。从此，母子三人对古墓的祭祀更加虔诚。”

原典

《广陵耆老传》[①]："晋元帝时有老姥，每旦独提一器茗往市鬻之。市人竞买。自旦至夕，其器不减。所得钱散路傍孤贫乞人，人或异之。州法曹絷之狱中。至夜，老妪执所鬻茗器从狱牖中飞出。"

《艺术传》[②]："敦煌人单道开，不畏寒暑，常服小石子。所服药有松、桂、蜜之气，所余茶苏而已。"

释道该说[③]《续名僧传》："宋释法瑶，姓杨氏，河东人。永嘉[④]中过江，遇沈台真[⑤]，请真君武康小山寺。年垂悬车[⑥]，饭所饮茶。永明[⑦]中，敕吴兴[⑧]礼致上京，年七十九。"

注释

①《广陵耆老传》：撰者不详，已佚。

②《艺术传》：即唐房玄龄所著《晋书·艺术列传》。

③释道该说：应为"释道悦"的误写。释道悦，隋末唐初的著名僧人。

④永嘉："永嘉"应为"元嘉"。

⑤沈台真：即沈演之，字台真，南朝宋吴兴武康（今浙江德清）人。

⑥年垂悬车：本意指黄昏之前的一段时间，此处指释法瑶的年龄。古人将七十岁的年龄也称为"悬车"。

⑦永明："永明"应为"大明"。

⑧吴兴：南朝宋时，吴兴郡属于扬州，治所在今浙江湖州一带。

译文

《广陵耆老传》中记载："东晋元帝的时候，有个老婆婆，每天早上都独自提着一个盛茶的器皿到集市上去卖茶。集市上的人都争相购买，但从早到晚，器皿中的茶始终没有减少过。老婆婆把卖茶的钱都分给了路旁那些孤苦贫穷的乞丐。人们感到很奇怪，州里的法曹就将老婆婆抓起来囚禁在监牢中。而到了夜间，老婆婆就提着卖茶的器皿，从监牢的窗口中飞越而去。"

《晋书·艺术列传》中记载："敦煌人单道开既不怕寒冷，也不怕炎热，还经常服食小石子。他服用的药有松、桂、蜜的气味，除此之外，他所饮用的只有紫苏茶了。"

释道悦在《续名僧传》中说："南朝宋国的和尚法瑶，其本姓杨，河东人。永嘉年间过江，在武康小山寺遇到了沈台真，并把他请到了寺中。当时法瑶的年纪已经很老了，经常以茶当饭。到了永明年间，皇上下诏让吴兴的地方官员将法瑶礼送到京城，此时他已经七十九岁高龄了。"

原典

宋《江氏家传》[1]：“江统，字应元，迁愍怀太子[2]洗马，常上疏，谏云：‘今西园卖醯[3]、面、蓝子、菜、茶之属，亏败国体。’”

《宋录》：“新安王子鸾、豫章王子尚，诣昙济道人于八公山。道人设茶茗，子尚味之曰：‘此甘露也，何言茶茗？’”

王微[4]《杂诗》：“寂寂掩高阁，寥寥空广厦。待君竟不归，收领今就槚。”

鲍昭妹令晖著《香茗赋》。

明 沈贞 《竹庐山房图》

注释

①《江氏家传》：共七卷，晋代江祚著，其曾为南安太守。已佚。

② 愍怀太子：晋惠帝之子司马通，惠帝时被立为太子，后被贾后、贾谧等人害死，死时年仅二十一岁。

③ 醯：读音为xī，指醋。

④ 王微：字景玄，南朝宋文学家、书画家。曾任司徒祭酒。其《杂诗》现存两首。

译文

宋《江氏家传》里面记载：“江统，字应元。在其升任愍怀太子洗马后，他上疏进谏说：‘现在京城的西园卖醋、面粉、蓝子、菜、茶之类的东西，实在有损于国家的体统。’”

《宋录》中记载：“南朝宋的新安王刘子鸾和他的弟弟豫章王刘子尚，两人一起到八公山拜访昙济道人。昙济道人设茶予以招待，刘子尚品尝后说：‘这明明就是甘露，为什么却要说是茶呢？’”

王微在《杂诗》中写道：“静悄悄地掩上高阁的门，冷清的大厦空荡荡。一直等您啊，您却不归；我很是失望啊，只能斟一杯茶解忧愁。”

南朝诗人鲍照的妹妹鲍令晖写了一篇《香茗赋》。

原典

南齐世祖武皇帝《遗诏》[①]：“我灵座上慎勿以牲为祭，但设饼果、茶饮、干饭、酒、脯而已。”

梁刘孝绰《谢晋安王饷米等启》[②]：“传诏李孟孙宣教旨，垂赐米、酒、瓜、笋、菹、脯、酢、茗八种。气苾新城[③]，味芳云松。江潭抽节，迈昌荇之珍；疆埸擢翘，越葺精之美。羞非纯束，野麐裛似雪之驴；鲊异陶瓶，河鲤操如琼之粲。茗同食粲，酢颜望柑。免千里宿舂，省三月种聚[④]。小人怀惠[⑤]，大懿难忘。”

注释

① 南齐世祖武皇帝《遗诏》：南齐世祖武皇帝，指南朝齐武皇帝萧赜。《遗诏》写于齐永十一年（公元 493 年）。

② 梁刘孝绰《谢晋安王饷米等启》：刘孝绰，本名冉，字孝绰。晋安王，即南朝梁简文帝萧纲，未登基前被封为晋安王。饷米：供军队食用的米。启，古代下级向上级写书信时用的一种文体。

③ 气苾新城：形容米的气味浓香。新城，在今浙江富阳以西，当时新城米是名产。

④ 免千里宿舂，省三月种聚：形容赐的食物可以吃很久。

⑤ 小人怀惠：此处是自谦的意思。

译文

南朝齐世祖武皇帝萧赜在遗诏中说：“当我死后，在我的灵位上切勿以杀牲为祭品，只要摆上饼果、茶、饭和酒肉就可以了。”

南朝梁刘孝绰在《谢晋安王饷米等启》中说：“传诏官李孟孙带来了您的告谕，赏赐给我米、酒、瓜、笋、酸菜、肉干、腌鱼和茗八种食品。米气浓香就像新城的米一样；酒味馨香，可比云松的佳酿。江边抽节的竹笋，胜似菖蒲、荇菜之类的珍馐；田里肥硕的瓜菜，比最好的美味还要好。白茅束捆的野鹿，哪里比得上您精心包裹的肉干？陶侃瓶装的河鲤虽然很好，又怎么比得上您馈赠的腌鱼呢？您赠送的大米就像玉粒一样晶莹，茗茶和大米同样精良，酸菜让人一看就胃口大开。有了如此丰盛的食品，即便我远行千里，也不用再准备干粮了。我铭记着您的恩惠，您的大德我永远都不会忘记的。”

原典

陶弘景《杂录》[①]：“苦茶，轻身换骨，昔丹丘子、黄山君服之。”

《后魏录》：“瑯琊王肃[②]，仕南朝，好茗饮、莼羹[③]。及还北地，又好羊肉、酪浆。人或问之：‘茗何如酪？’肃曰：‘茗不堪，与酪为奴[④]。’”

注释

① 陶弘景《杂录》：陶弘景，字通明，南朝时梁国人，著名的医药家、炼丹家、文学家，人称“山中宰相”。《杂录》有的引为《新录》。

② 王肃：王肃，本在南朝齐做官，后投降了北魏。

③ 莼羹：用莼做成的羹。莼，又名水葵、凫葵，其嫩叶可食用。

④ 茗不堪，与酪为奴：意思是南方的茶比不上北方的酪。与酪为奴，给酪做奴隶。

译文

陶弘景在《杂录》中写道：“苦茶能使人身轻换骨，以前的丹丘子、黄山君就经常饮用。”

《后魏录》中记载：“琅琊人王肃在南朝做官的时候，喜欢饮茶、喝莼羹。后来返回北方，又喜欢吃羊肉、喝羊奶。有人问他：‘茶和奶相比，怎么样？’王肃回答说：‘茶怎么能同奶相比？茶连给奶当奴隶的资格都不够。’”

苦丁茶树

原典

《桐君录》[①]：“西阳、武昌、庐江、晋陵好茗，皆东人作清茗。茗有饽，饮之宜人。凡可饮之物，皆多取其叶，天门冬、菝葜[②]取根，皆益人。又巴东别有真茗茶，煎饮令人不眠。俗中多煮檀叶并大皂李作茶，并冷。又南方有瓜芦木，亦似茗，至苦涩，取为屑茶饮，亦可通夜不眠。煮盐人但资此饮，而交、广最重，客来先设，乃加以香芼辈[③]。”

注释

① 《桐君录》：全名为《桐君采药录》。桐君，据传是黄帝时的一位医官。此书为后人假托桐君所撰，已佚。

② 天门冬、菝葜：一种中草药，生长在中国南方。

③ 香芼辈：指各种香草作料。

译文

《桐君录》中记载："在湖北的黄冈、武昌，安徽的庐江，江苏的武进，这些地方的人都很喜欢饮茶，每当有客人来，主人都会用清茶招待。茶中有沫饽，饮用后对人有益。通常情况下，凡是可以用来作为饮品的植物，一般都是选取它的叶子，但天门冬、菝葜却不同，它们是选用根部，这同样对人有益处。另外，在湖北巴东地区有一种真正的茗茶，这种茶煎煮之后，喝了会让人兴奋而无睡意。当地的人还习惯于把檀叶和大皂李叶当茶煮来喝，这两者的性质都偏冷。在南方还有一种瓜芦木，和茶的外形很像，但味道比较苦，捣成细末后煮茶喝，也会让人整夜无法入眠。煮盐的人就靠这种饮品生活，特别是交州、广州一带的人最喜欢，客人来了，会先奉上这种茶，而且还会加一些香料。"

原典

《坤元录》①："辰州溆浦县②西北三百五十里无射山，云蛮俗当吉庆之时，亲族集会歌舞于山上。山多茶树。"

《括地图》③："临遂县④东一百四十里有茶溪。"

山谦之《吴兴记》⑤："乌程县⑥西二十里有温山，出御荈。"

《夷陵图经》⑦："黄牛、荆门、女观、望州⑧等山，茶茗出焉。"

《永嘉图经》⑨："永嘉县⑩东三百里有白茶山。"

《淮阴图经》⑪："山阳县⑫南二十里有茶坡。"

《茶陵图经》⑬："云茶陵⑭者，所谓陵谷生茶茗焉。"

译文

《坤元录》中记载："在辰州溆浦县西北三百五十里（一里等于五百米，下同）的地方，有

注释

①《坤元录》：古地学书名，已佚。

②辰州溆浦县：辰州，南朝时属武陵郡，治所在今湖南沅陵一带。溆浦县，属辰州，治所在今湖南省溆浦县。

③《括地图》：即《地括志》，属于地理类的书籍。撰者不详，已佚，清人辑存一卷。

④临遂县：晋时县名，在今湖南衡东县。

⑤《吴兴记》：南朝时宋国的山谦之著，共三卷，已佚。

⑥乌程县：在今浙江省湖州市。

⑦《夷陵图经》：撰者不详，已佚。夷陵，旧县名，在今湖北宜昌地区。

⑧黄牛、荆门、女观、望州：黄牛，即黄牛山，在今湖北省宜昌市北八十里处。荆门，即荆门山，在今湖北省宜都市西北。女观，即女观山，在今湖北省宜都市西北。望州，即望州山，在今湖北省宜昌市以西。

⑨《永嘉图经》：撰者及时代不详，

一座无射山，据说当地人的风俗是，每到吉庆的日子，亲族都会来到这座山上，大家一起载歌载舞。山上有很多茶树。”

《括地图》中记载：“在临遂县以东一百四十里的地方，有一条茶溪。”

山谦之在《吴兴记》中记载：“在乌程县西二十里的地方，有一座温山，这里出产进贡给皇上的茶。”

《夷陵图经》中记载：“黄牛、荆门、女观、望州等山，都出产茶叶。”

《永嘉图经》中记载：“在永嘉县以东三百里的地方，有一座白茶山。”

《淮阴图经》中记载：“在山阳县以南二十里的地方，有一个茶坡。”

《茶陵图经》中记载：“茶陵，就是陵谷里生长着茶的意思。”

已佚。

⑩永嘉县：在今浙江温州市一带。

⑪《淮阴图经》：撰者和时代不详，已佚。淮阴，郡名，在今江苏淮阴、淮安一带。

⑫山阳县：在今江苏省淮安市。

⑬《茶陵图经》：撰者及时代不详，已佚。

⑭茶陵：在今湖南省茶陵县。

原典

《本草·木部》[①]：“茗，苦荼。味甘苦，微寒，无毒。主瘘疮，利小便，去痰渴热，令人少睡。秋采之苦，主下气消食。注云：‘春采之。’”

《本草·菜部》：“苦荼，一名荼，一名选，一名游冬，生益州[②]川谷山陵道傍，凌冬不死。三月三日采，干。注云：‘疑此即是今茶，一名荼，令人不眠。’《本草注》：按《诗》云：‘谁谓荼苦[③]’，又云：‘堇荼如饴[④]’，皆苦菜也。陶谓之苦荼，木类，非菜流。茗，春采谓之苦搽。”

《枕中方》[⑤]：“疗积年瘘，苦茶、蜈蚣并炙，令香熟，等分，捣筛。煮甘草汤洗，以末傅之。”

《孺子方》[⑥]：“疗小儿无故惊蹶，以苦茶、葱须煮服之。”

注释

①《本草·木部》：选自《本草》，即《唐新修本草》，也称《唐本草》。

②益州：在今四川省成都市一带。

苦丁茶

译文

《本草·木部》中说：“茗，就是苦茶。味道甘苦，略有寒性，没有毒性。主治瘘疮，利尿，去痰，解渴，散热，让人睡眠减少。秋天采摘的茶叶有苦味，能通气，有助于消化。原注说：‘应在春天采摘。’”

《本草·菜部》中说：“苦菜，也叫荼，又称选，还叫游冬，生长在四川一带的山陵、河谷和路边，即使生长在寒冷的冬天也不会被冻死。这种茶适于在每年三月三日采摘，焙干。陶弘景注说：‘这可能就是今天所说的茶，又叫荼，喝了会让人无法入睡。’《本草注》加按语说：《诗经》里说的‘谁说荼苦’，又说‘堇和荼就像糖一样甜’，指的都是苦菜。陶弘景所说的苦荼，是木本植物的茶，并不是菜类。茗，如果是在春天采摘，就被称为苦搽。”

《枕中方》中记载：“治疗多年不愈的瘘疮，将苦茶和蜈蚣放在一起炙烤，直到发出香气，再将其分成相等的两份，并分别捣碎筛成末。然后选其中的一份加甘草烹煮，煮好后用甘草汤擦洗患处，再用另一份细末涂抹。”

《孺子方》中记载：“治疗小孩不明原因的惊厥，可以把苦茶和葱的须根放在一起煎煮，然后服用。”

③ 谁谓荼苦：语出《诗·邶风·谷风》。指的是相对于略带甜味的荠而言，荼是苦的。

④ 堇荼如饴：语出《诗·大雅·绵》。堇，是一种味苦植物。荼作为苦菜与堇并列。饴，指麦芽糖。

⑤《枕中方》：作者不详，已佚。据宋唐慎微《类证本草》卷六及卷十二中所引用的孙思邈《枕中记》逸文，猜测此书可能即为孙思邈的《枕中记》。

⑥《孺子方》：作者不详。属于医学类的书。

八之出

原典

山南[①]：以峡州[②]上（峡州生远安、宜都、夷陵三县[③]山谷），襄州、荆州[④]次（襄州生南漳县[⑤]山谷，荆州生江陵县山谷），衡州[⑥]下（生衡山[⑦]、茶陵二县山谷），金州、梁州[⑧]又下（金州生西城、安康二县[⑨]山谷。梁州生褒城、金牛二县[⑩]山谷）。

注释

① 山南：唐贞观元年（公元627年），将全国划分为“十道”，山南属于其中之一。

② 峡州：在今湖北宜昌一带。

③ 远安、宜都、夷陵三县：在今湖北省境内，分别为远安县、宜都市、宜昌市。

④ 襄州、荆州：襄州，辖境在

译文

山南茶区：在山南茶区，峡州所产的茶是最好的（峡州的茶产自远安、宜都、夷陵三县的山谷中），襄州和荆州产的次之（襄州茶产自南漳县的山谷中；荆州茶产自江陵县的山谷中），衡州产的再低一等（衡州茶产自衡山、茶陵二县的山谷中），金州和梁州产的又差一些（金州茶产自西城、安康二县的山谷中；梁州茶产自褒城、金牛二县的山谷中）。

今湖北襄阳市一带。荆州，辖境在今湖北省荆州、荆门一带。

⑤ 南漳县：在今湖北省南漳县。

⑥ 衡州：辖境在今湖南衡阳一带。

⑦ 衡山：指衡山县，在今湖南省湘潭市以西。

⑧ 金州、梁州：金州，在今陕西安康一带。梁州，在今陕西汉中一带。

⑨ 西城、安康二县：都属于金州。西城，在今陕西安康市。安康，在今陕西汉阳以西。

⑩ 褒城、金牛二县：褒城县，在今陕西汉中以北。金牛县，在今陕西宁强县境内。

峡州碧峰茶

峡州指今天的湖北宜昌市，素以产茶而闻名。这里山水秀丽，岗岭起伏，气候温和，非常适合种植茶树。“峡州碧峰”一名几经更改，开始称为“太平毛尖”，又改为“峡州毛峰”，最后才定为“峡州碧峰”，现在是湖北名茶。

峡州碧峰茶

原典

淮南[1]：以光州[2]上（生光山县[3]黄头港者，与峡州同），义阳郡、舒州[4]次（生义阳县钟山[5]者，与襄州同。舒州生太湖县潜山[6]者，与荆州同），寿州[7]下（盛唐县生霍山[8]者，与衡州同也），蕲州、黄州又下（蕲州生黄梅县山谷，黄州生麻城县山谷，并与荆州、梁州同也）。

注释

① 淮南：唐贞观“十道”之一。

② 光州：在今河南信阳、光山一带。

③ 光山县：在今河南光山。

④ 义阳郡、舒州：义阳郡，在今河南信阳及其周边。舒州，在今安徽安庆、太湖一带。

⑤ 义阳县钟山：义阳县，在今河南省信阳市。钟山，在今河南省信阳市东八十里。

⑥ 太湖县潜山：太湖县，在今安徽省太湖县。潜山，在今安徽省潜山县西北二十里。

⑦ 寿州：在今安徽省淮南以南、霍山以北一带。

⑧ 盛唐县生霍山：盛唐县，在今安徽省六安市。

霍山黄芽茶

译文

淮南茶区：在淮南茶区，光州产的茶是最好的（光州茶产自光山县的黄头港，这种茶的品质和峡州茶一样好），义阳郡和舒州产的茶次之（义阳茶产自义阳县钟山，这种茶和襄州茶的品质一样；舒州茶则产自太湖县的潜山，其品质和荆州茶一样），寿州产的茶则比较差（寿州茶产自盛唐县霍山，其品质和衡山茶一样），而蕲州和黄州产的茶又差一些（蕲州茶产自黄梅县的山谷中，黄州茶产自麻城县的山谷中，这两种茶的品质和金州、梁州的一样）。

信阳毛尖茶

陆羽在《茶经》中称在淮南茶区中，光州产的茶是最好的。光州为古地名，指今天的河南省信阳市潢川县，如今闻名全国的信阳毛尖茶就是在光州散茶的基础上发展起来的。信阳毛尖茶传统的手工做法为筛分、摊放、生锅、熟锅、初烘、摊凉、复烘、毛茶整理、再复烘；现代的机械工艺制法则为筛分、摊放、杀青、揉捻、解块、理条、初烘、摊凉、复烘。

信阳毛尖茶

原典

浙西[①]：以湖州[②]上（湖州生长城县顾渚山谷[③]，与峡州、光州同；生山桑、儒师二坞、白茅山悬脚岭，与襄州、荆南、义阳郡同；生凤亭山伏翼阁飞云、曲水二寺、啄木岭，与寿州、常州同。生安吉、武康二县[④]山谷，与金州、梁州同），常州[⑤]次（常州义兴县[⑥]生君山悬脚岭北峰下，与荆州、义阳郡同。生圈岭善权寺、石亭山，与舒州同），宣州、杭州、睦州、歙州[⑦]下（宣州生宣城县雅山[⑧]，与蕲州同。太平县生上睦、临睦[⑨]，与黄州同。杭州临安、于潜二县生天目山[⑩]，与舒州同。钱塘生天竺、灵隐二寺[⑪]；睦州生桐庐县[⑫]山谷；歙州生婺源[⑬]山谷，与衡州同），润州、苏州[⑭]又下（润州江宁县生傲山[⑮]，苏州长洲县生洞庭山[⑯]，与金州、蕲州、梁州同）。

莫干黄芽茶

译文

浙西茶区：在浙西茶区，湖州产的茶是质量最好的（在湖州茶中，产自长城县顾渚山谷的，其品质和峡州、光州的一样；产自山桑、儒师二坞和

注释

① 浙西：唐代茶区之一。辖境相当于今江苏长江以南、茅山以东、浙江新安江以北的地区。

② 湖州：在今浙江湖州、长兴一带。

③ 长城县顾渚山谷：长城县，在今浙江省长兴县。顾渚山，也称顾山，在长兴县西北三十里。

④ 安吉、武康二县：安吉县，在今浙江省安吉以南。武康县，在今浙江省德清附近。

⑤ 常州：在今江苏省无锡、常州一带。

⑥ 义兴县：在今江苏省宜兴市。

⑦ 宣州、杭州、睦州、歙州：宣州，在今安徽省宣城、当涂一带。杭州，在今浙江省杭州、富阳、临安一带。睦州，在今浙江省建德、桐庐、淳安一带。歙州，在今安徽黄山市、渍溪县和江西婺源县以及浙江淳安县。

⑧ 宣城县雅山：宣城县，在今安徽省宣城市。雅山，也称鸦山、丫山，在安徽省宁国市北。

⑨ 太平县生上睦、临睦：太平县，在今安徽省黄山市黄山区一带。上睦、临睦，太平县的两个地名，具体位置不详。

⑩ 临安、于潜二县生天目山：临安，在今浙江省临安市以北。于潜，在今浙江省临安市以东。天目山，在今浙江省临安市以北。

白茅山悬脚岭的，其品质和襄州、荆州、义阳郡的一样；产自凤亭山伏翼阁飞云、曲水二寺和啄木岭的，其品质和寿州、常州的一样；产自安吉、武康二县山谷中的，其品质和金州、梁州的一样），常州产的次之（在常州茶中，产自义兴县君山悬脚岭北峰下的，其品质和金州、义阳郡的一样；产自圈岭善权寺、石亭山的，其品质和舒州的一样），宣州、杭州、睦州、歙州产的又差一些（在宣州茶中，产自宣城县雅山的，其品质和蕲州的一样；产自太平县上睦、临睦的，其品质和黄州的一样。杭州茶产自临安、于潜二县天目山的，其品质和舒州的一样。钱塘茶产自天竺和灵隐二寺的、睦州茶产自桐庐县山谷的、歙州茶产自婺源县山谷的，这三种茶的品质和衡州的一样），润州、苏州产的更差一些（润州茶产自江宁县傲山的、苏州茶产自长洲县洞庭山的，这两种茶的品质和金州、蕲州、梁州的一样）。

⑪ 钱塘生天竺、灵隐二寺：钱塘，在今浙江杭州。天竺寺，在今钱塘县飞来峰南边。灵隐寺，在今杭州西湖灵隐山麓。

⑫ 桐庐县：在今浙江省桐庐县。

⑬ 婺源：在今江西省婺源以北。

⑭ 润州、苏州：润州，在今江苏镇江及句容、丹阳、金坛一带。苏州，包括今江苏苏州、常熟一带，以及浙江嘉兴和上海一部分地区。

⑮ 江宁县生傲山：江宁县，在今江苏省南京市江宁区附近。傲山，具体位置不详。

⑯ 长洲县生洞庭山：长洲县，在今江苏省苏州市。洞庭山，在今太湖之中。

湖州茶

浙江湖州是《茶经》的诞生地，自古以来就盛产名茶。陆羽在《茶经》中称，在浙西茶区中，湖州产的茶质量最好。现在湖州仍是产茶的重要地区，这里产的温山御荈、三癸雨芽、顾渚紫笋、安吉白茶、莫干黄芽都是省级、国家级名茶。其中，“温山御荈”是浙江最早的贡茶，也是全国最早的贡茶之一，“顾渚紫笋”也曾是唐代贡茶，安吉白茶则在宋代就已出名。“三癸雨芽”和“莫干黄芽”则是现代新开发出的品种，也是省级名茶，“莫干黄芽”甚至堪与“西湖龙井”相媲美。

安吉白茶

原典

剑南①：以彭州上（生九陇县马鞍山至德寺、棚口，与襄州同），绵州、蜀州②次（绵州龙安县生松岭关③，与荆州同；其西昌、昌明、神泉县④西山者并佳；有过松岭者，不堪采。蜀州青城县生丈人山，与绵州同。青城县有散茶、木茶），邛州⑤次，雅州、泸州⑥下（雅州百丈山、名山，泸州泸川者，与金州同也），眉州、汉州又下（眉州丹棱县生铁山者，汉州绵竹县生竹山者，与润州同）。

译文

剑南茶区：在剑南茶区，彭州产的茶品质是最好的（彭州茶产自九陇县马鞍山至德寺、棚口的，其品质和襄州的一样），绵州和蜀州产的次之（在绵州茶中，产自龙安县松岭关的，其品质和荆州的一样；产自绵州所属的西昌县、昌明县、神泉县西山的，其品质都很好；但过了松岭的，就没有采摘的价值了。蜀州茶产自青城县丈人山的，其品质和绵州的一样；青城县还出产散茶和末茶），邛州产的再次之，而雅州、泸州产的则低一等（雅州茶产自雅州百丈山和名山的、泸州茶产自泸川的，这两种茶的品质和金州的一样），眉州、汉州产的又低一等（眉州茶产自丹棱县铁山的、汉州茶产自绵竹县竹山的，这两种茶的品质和润州的一样）。

注释

① 剑南：唐贞观“十道”之一。

② 绵州、蜀州：绵州，治所在今四川省绵阳、江油、安县一带。蜀州，治所在今四川省崇庆、新津一带。

③ 龙安县生松岭关：龙安县，治所在今四川省安县以北。松岭关，在龙安县西北七十里。

④ 西昌、昌明、神泉县：西昌，治所在今四川省安县东南。昌明，治所在今四川省江油市以南。神泉，治所在今四川省安县以南，这里产的“小团”茶在唐代时就已经是名品。

⑤ 邛州：治所在今四川省大邑、邛崃、蒲江一带。

⑥ 雅州、泸州：雅州，因州内有雅安山而得名，治所在今四川省雅安、名山一带。雅州产的蒙顶茶是四川名茶之一。泸州，治所包括今四川省的一部分，如富顺、隆昌、泸州等地，还包括今贵州省的赤水、习水一带。

四川茶园景色

剑南道

唐贞观元年（公元627年），唐统治者将全国分为十道，剑南道是其中之一。治所位于成都府，因其地理位置处于剑门关以南，所以称为剑南道。其辖境相当于今天的四川省大部，云南省澜沧江、哀牢山以东以及贵州省北端、甘肃省文县一带。这里既是“十道”之一，同时也是八大茶区之一。

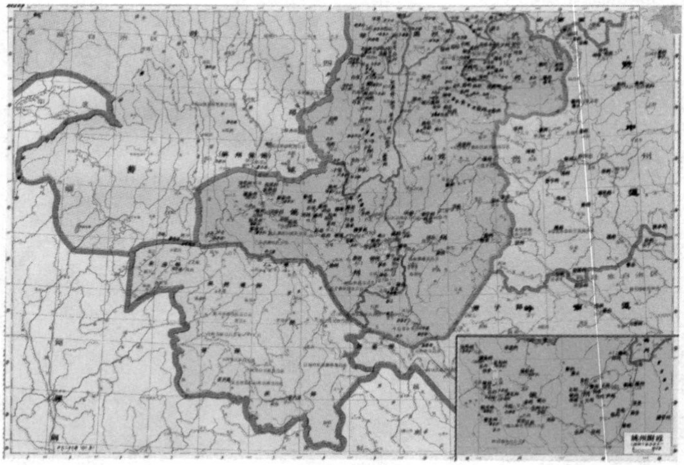

剑南道南部地图

原典

浙东①：以越州②上（余姚县③生瀑布泉岭曰仙茗，大者殊异，小者与襄州同），明州、婺州④次（明州鄮县⑤生榆荚村，婺州东阳县东白山⑥，与荆州同），台州⑦下（始丰县生赤城者⑧，与歙州同）。

译文

浙东茶区：在浙东茶区，越州产的茶品质是最好的（越州茶产自余姚县瀑布泉岭的被称为仙茗，其中大叶的质量极好，小叶的品质则和襄州的一样），明州、婺州产的次之（明州茶产自鄮县榆荚村的、

注释

① 浙东：浙江东道节度使方镇的简称。

② 越州：在今浙江省绍兴市及萧山、诸暨一带。

③ 余姚县：在今浙江省余姚市。

④ 明州、婺州：明州，在今浙江省宁波、奉化一带。婺州，在今浙江省金华、兰溪一带。

⑤ 鄮县：在今浙江省宁波市以南。

⑥ 东阳县东白山：东阳县，

婺州茶产自东阳县东白山的，这两种茶的品质和荆州所产的一样），台州产的则比较差一些（台州茶产自始丰县赤城的，其品质和歙州所产的相同）。

在今浙江省东阳市。东白山，在今浙江省东阳市巍山镇以北。

⑦ 台州：在今浙江省天台山、临海一带。

⑧ 始丰县生赤城者：始丰县，在今浙江省天台县附近。赤城，指赤城山，在天台县以北，天台山十景之一。

余姚仙茗

余姚仙茗

陆羽在《茶经》中说，余姚瀑布泉岭产的茶中，用大的芽叶制成的茶叶，其品质极好，因此誉之为“仙茗”。余姚仙茗在今天称为余姚瀑布茶，产于浙江省余姚四明山区的道士山，属绿茶类。道士山在瀑布岭山腰，海拔有四百多米，这里树竹茂盛，溪流交错，茶树根植于山上的香灰土中，吸收瀑布水气，因此制成的茶叶色如翡翠、香高形美、品质特优。

原典

黔中①：生思州、播州、费州、夷州②。

江南③：生鄂州、袁州、吉州④。

岭南⑤：生福州、建州、韶州、象州⑥(福州生闽县方山之阴⑦也)。

其思、播、费、夷、鄂、袁、吉、福、建、韶、象十一州未详，往往得之，其味极佳。

译文

黔中茶区：在黔中茶区，茶叶主要产自思州、播州、费州和夷州。

江南茶区：在江南茶区，茶叶主要产自鄂州、袁州和吉州。

注释

① 黔中：唐开元“十五道”之一。

② 思州、播州、费州、夷州：思州，治所在今贵州省北部大娄山以东地区。播州，治所在今贵州省遵义、桐梓一带。费州，治所在今贵州省思南、德江一带。夷州，治所在今贵州省绥阳县、凤冈县一带。

③ 江南：唐贞观“十道”之一。

④ 鄂州、袁州、吉州：鄂州，在今湖北省武昌、鄂州一带。袁州，在今江西省宜春、萍乡、新余一带。吉州，在今江西省赣江上游一带。

⑤ 岭南：唐贞观“十道”之一，治所在今广州。

岭南茶区：在岭南茶区，茶叶主要产自福州、建州、韶州和象州（福州茶产自闽县方山的北面）。

关于思州、播州、费州、夷州、鄂州、袁州、吉州、福州、建州、韶州、象州这十一个地区的产茶具体情况，还不是非常了解，但在平常也得到过来自这些产区的茶，品尝之后，感觉味道非常不错。

⑥ 福州、建州、韶州、象州：福州，治所在今福建省福州、福清一带。建州，治所在今福建省南平、浦城一带。韶州，治所在今广东省北部的韶关、曲江一带。象州，治所在今广西象州、武宣一带。

⑦ 闽县方山之阴：闽县，治所包括今福建省福州市区和闽侯县的一部分。方山，在今福建省福州市闽江南岸。

古今茶区的划分

中国茶区分布图

中国划分茶区自古以来就有这个传统，唐代的时候就把当时种植茶树的四十三个州和郡划分为八个茶区，即前面文中所讲到的山南茶区、淮南茶区、浙西茶区、剑南茶区、浙东茶区、黔中茶区、江南茶区、岭南茶区。宋代的时候，茶树栽培区域进一步扩大，分为五个区域，全国有六十六个州二百四十二个县产茶。元代茶区在宋代的基础上也有扩大。明代则发展不多。清代时，全国形成了以茶类为中心的六个栽培区域，分别以红茶、绿茶、乌龙茶、砖茶、边茶、花茶六种茶为中心。

现如今，茶区划分为三个等级：一级茶区，属于全国性划分；二级茶区，由各产茶省（区）划分；三级茶区，由各地县划分。其中，一级茶区分为四个：华南茶区、西南茶区、江南茶区、江北茶区。唐朝时茶区划分包括现在的四川、重庆、陕西、河南、安徽、湖南、湖北、江西、浙江、江苏、贵州、福建、广东、广西十四个省或自治区，现在的茶区则包括浙江、湖南、四川、重庆、安徽、福建、云南、湖北、广东、广西、江西、贵州、江苏、陕西、河南、山东、甘肃、西藏、海南十九个省或自治区和直辖市，还包括香港特别行政区和台湾地区。从十四个省区到十九个省区，古今茶区的范围相差并不多。

九之略

原典

其造具：若方春禁火[①]之时，于野寺山园丛手而掇[②]，乃蒸，乃舂，乃炀，以火干之，则棨、扑、焙、贯、棚、穿、育等七事皆废。

注释

①禁火：古代的一种民间习俗。日期在农历清明节前一两日，这几日要用冷食，并禁火，也称为“寒食节”。

②从手而掇：指众人一起采摘茶叶。

译文

关于饼茶制造工具的省略：如果正值春季寒食节气，在野外寺庙或山间茶园里，大家一起动手采摘茶叶后，随即将其蒸熟、捣碎、烘烤，最后用火使茶叶完全干燥，那么“二之具”中所需要的十九种采制工具中的棨、扑、焙、贯、棚、穿、育七种工具就可以省掉不用了。

原典

其煮器：若松间石上可坐，则具列废。用槁薪、鼎䥶之属，则风炉、灰承、炭挝、火筴、交床等废。若瞰泉临涧，则水方、涤方、漉水囊废。若五人已下，茶可末而精者，则罗废。若援藟跻岩①，引絙入洞②，于山口炙而末之，或纸包、合贮，则碾、拂末等废。既瓢、碗、筴、札、熟盂、鹾簋悉以一筥盛之，则都篮废。但城邑之中，王公之门，二十四器阙一，则茶废矣。

注释

①援藟跻岩：意思是攀援着藤蔓登上山岩。藟，藤蔓。跻，登、升。

②引絙入洞：拉着粗绳进入山洞中。引，拉。絙，大的绳索。

译文

煮茶器具的省略：如果在松林间的石头上可以放置茶器，那么具列就可以省略不用了。如果是用干柴、鼎之类的器具烧水，那么风炉、灰承、炭挝、火筴、交床这些生火用具就可以省掉不用了。如果在泉水或溪涧旁边煮茶，那么水方、涤方、漉水囊这些用来盛水和清洁的用具就可以省掉不用了。如果饮茶的人在五人以下，而且茶叶又能够研磨成精细的粉末，那么罗合就可以不用了。如果攀援着藤蔓登上山岩，或者拉着粗绳索进入山洞，并且事先在山口已经将茶烘干且研磨成末了，或者已用纸包好茶末，或者已将茶末放在盒子中，那么茶碾、拂末就可以省掉不用了。如果瓢、碗、竹筴、竹札、熟盂、鹾簋这些器具全部用筥来盛放，那么都篮就可以省掉不用了。但如果是在城市里，或者王公贵族的家中，二十四种茶器缺一不可，否则品茶的雅兴就没有了。

古今饮茶器具的区别

在唐中期以前，人们饮茶就和煮菜饮汤一样，是用来解渴或佐餐的，所以并没有专用的茶具，一般都是用食具或其他饮具代替，可以说是“一器多用”。直到陆羽的《茶经》问世，第一次有了对茶具系统而完整的记述，包括了煮茶、饮茶、炙茶、贮茶及辅助茶具一共二十余件，可以说配套齐全、形制完备，而且很多器具都是陆羽本人亲自设计的。但陆羽认为茶具和茶器是不同的，“器”是烧水泡茶全过程中需要的器具，而“具”是指采制、贮藏所用的工具，这一点和我们现代概念下的茶具是有区别的，现代概念下的茶具和茶器是相同的，都是指喝茶的器具。由此也可以看出，古代茶具涉及的范围比现代大很多，它包含了采、制、煮、泡、饮等一系列与茶事相关的行为过程中所使用的一切器具，而我们现代意义上的茶具则是指茶杯、茶壶这些冲泡茶、饮茶的器具。

古代的茶具，有陶器的、瓷器的、石器的、竹器的、木器的、铜器的、银器的、金器的，甚至水晶的、玛瑙的和玉的等多种多样。现代的茶具，则很多为紫砂茶具和瓷茶具，还有玻璃茶杯、搪瓷茶杯和塑料茶杯等。

柴窑茶具

现代茶具

十之图①

原典

以绢素或四幅、或六幅分布写之，陈②诸座隅，则茶之源、之具、之造、之器、之煮、之饮、之事、之出、之略，目击而存，于是《茶经》之始终备焉。

注释

① 图：这里并非指图画，而是将前面九章的内容用绢素写好挂起来。

② 陈：指悬挂。

译文

将《茶经》的上述九章内容分别写在四幅或六幅白绢上，然后张挂在座位旁边。这样，关于茶的起源、茶叶的采制工具、茶叶的采制、煮茶的用具、煮茶的方法、茶的饮用方法、有关茶事的历史记载、茶叶产区以及茶具的省略方式等，就可以随时看到，并牢记心中，从而完备地记住《茶经》从头至尾的内容。

学习茶道

茶录

［宋］蔡襄　原著

《茶录》是继陆羽《茶经》之后中国最有影响的论茶专著，它的面世，使得建茶在宋代名扬天下，对当时福建茶业的发展起到了巨大的推动作用。有人就曾评说，“建茶所以名垂天下，由公（指蔡襄）也”、“11世纪中叶，对福建茶叶生产发展做出较大贡献的，当推蔡襄”。除了推动福建茶业的发展外，《茶录》还对日本的“茶道”和现在流行的茶文化有着极大的影响和促进作用。

蔡襄

现代茶具

蔡襄的书法

序

原典

朝奉郎右正言同修起居注[①]臣蔡襄上进：臣前因奏事，伏蒙陛下谕臣先任福建转运使[②]日，所进上品龙茶[③]最为精好。臣退念草木之微，首辱陛下知鉴，若处之得地，则能尽其材。昔陆羽《茶经》，不第建安[④]之品；丁谓《茶图》[⑤]，独论采造之本[⑥]，至于烹试，曾未有闻。臣辄条数事，简而易明，勒成二篇，名曰《茶录》。伏惟清闲之宴，或赐观采，臣不胜惶惧荣幸之至。谨序。

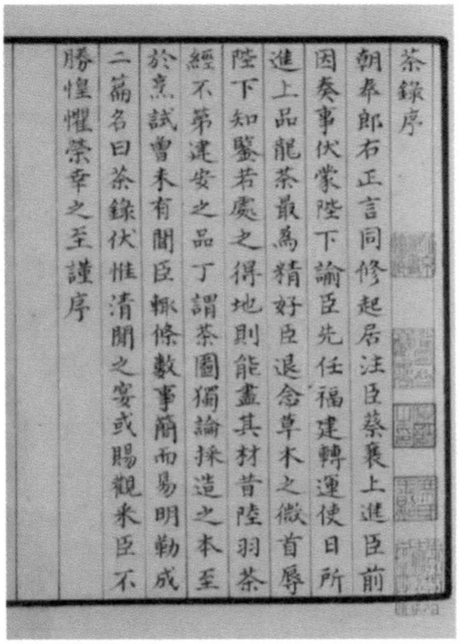
茶錄序
朝奉郎右正言同修起居注臣蔡襄上進臣前
因奏事伏蒙陛下諭臣先任福建轉運使日所
進上品龍茶最爲精好臣退念草木之微首辱
陛下知鑒若處之得地則能盡其材昔陸羽茶
經不第建安之品丁謂茶圖獨論採造之本至
於烹試曾未有聞臣輙條數事簡而易明勒成
二篇名曰茶錄伏惟清閑之宴或賜觀采臣不
勝惶懼榮幸之至謹序

蔡襄《茶录》（宋蝉翅拓本）

注释

① 朝奉郎右正言同修起居注：朝奉郎、右正言，二者都是北宋官职名。同修起居注，宋朝史官名，是专门负责记录帝王言行、起居的。

② 福建转运使：宋代官职名，负责转运米粮钱帛等经济事务，同时兼有行政、民政、监察等职权。

③ 上品龙茶：指二十饼重一斤的小团茶。

④ 建安：北宋时期以产“北苑贡茶”而闻名，在今福建省建瓯市一带。

⑤ 丁谓《茶图》：丁谓，字谓之，又字公言，今江苏苏州人，曾任福建漕使，督造贡茶，创制大龙凤团饼茶。曾撰《茶图》三卷，今已亡佚。

⑥ 独论采造之本：指丁谓的《茶图》只记载了采茶、制茶的基本情况。

译文

任职朝奉郎、右正言、同修起居注的微臣蔡襄上书禀告皇帝陛下：微臣前几天有事向您上奏，承蒙陛下告诉微臣，微臣以前在担任福建转运使的时候，向朝廷进献的上品龙茶品质最优良。微臣告退回家后，私下里感念，连茶叶这样微小草木之物，都能有幸得到陛下的关心及鉴别欣赏，如果再能受到普遍重视，使茶树能够获得适合生长的环境，那么就能最大地发挥它的作用。以前陆羽的《茶经》一书，里面并没有关于建安茶品的评价；本朝丁谓写的《茶图》，也只是论说了茶叶的采摘、制作的基本情况，对于烹煮、鉴别茶茗的方法，却从来没有听人谈论过。微臣专门列举了几条关于这方面的个人见解，简明扼要地写成两篇，命名为《茶录》。微臣恭敬地祈请陛下在清静闲雅的宴会上，能够赐示给群臣，使之可以受到他人的采纳，那么微臣会在惶恐的同时，更加感到荣幸之至。谨以此为序。

上篇　论茶

原典

色

茶色贵白。而饼茶多以珍膏油其面，故有青黄紫黑之异。善别茶者，正如相工[①]之视人气色也，隐然察之于内。以肉理润者为上，既已末之，黄白者受水昏重，青白者受水鲜明，故建安人斗试[②]，以青白胜黄白。

香

茶有真香。而入贡者微以龙脑[③]和膏，欲助其香。建安民间试茶皆不入香，恐夺其真。若烹点之际，又杂珍果香草，其夺益甚。正当不用。

注释

① 相工：指为他人占相的人。

② 斗试：指斗茶活动，起源于建安北苑贡茶的评比，主要以色、香、味及水痕多少与持续时间长短等作为标准来鉴别茶的优劣。这种活动在宋代上流社会非常流行，是当时的一种风尚。

③ 龙脑：也称冰片，是一种名贵的中药材。

译文

对于茶的颜色，以白色为最好。然而饼茶很多都是用油脂涂抹表面，所以就出现了青、黄、紫、黑等颜色的差别。善于鉴别茶叶品质的人，就如同相士观察人的气色一样，能细致地观察到茶叶的细微之处。团茶的品质以质地润和为最好，如果已经研成了茶末，那么颜色黄白的在点试后，其茶汤是浑浊的，而颜色青白的在点试后，其茶汤是清澈的，所以建安人鉴别茶叶品质高低时，认为青白色的茶胜过黄白色的茶。

对于茶的香味，其自身就带有香味。而以前进贡的团茶，为了增加茶的香气，将龙脑和油脂加到茶里面。建安的人们在品尝茶的时候，都不会再另外添加香料，怕它夺去茶叶本身的香味。如果在烹煮点茶的时候，再掺入各种珍果、香草，这样会使茶叶的天然香味失掉更多。所以，正确的做法是不加任何香料。

斗茶

斗茶，又名斗茗、茗战，是一种比较茶的优劣的活动，极富趣味性和挑战性。活动始于唐代，盛行于宋代，当时上起皇帝，下至士大夫，无不好斗茶。斗茶的场所，一般都是在有规模的茶叶店里进行，也有的人选在自己家，这种人一般都是上层社会的人，家里有比较雅洁的内室，或有花木扶疏、清幽雅致的庭院。

斗茶的内容包括斗茶品、斗茶令、茶百戏。斗茶品，以茶“新”为贵，所用的水以“活”为上，斗的内容一个是汤色，一个是水痕。斗茶令，是在斗茶时的行茶令，这样可以助兴增趣。茶百戏，又称为汤戏或分茶，是一种茶道，即将煮好的茶注入茶碗中的技巧。

如今，在一些茶区仍有斗茶活动，比如福建安溪县西坪镇评比“茶王”茶的活动，以及福建惠州的民间斗茶，都是对古代斗茶活动的继承，只是在内容上有了一些变化。

现代斗茶

宋代斗茶

原典

味

茶味主于甘滑。惟北苑凤凰山[①]连属诸焙所产者味佳。隔溪诸山，虽及时加意制作，色味皆重，莫能及也。又有水泉不甘，能损茶味。前世之论水品者[②]以此。

藏茶

茶宜箬叶而畏香药[③]，喜温燥而忌湿冷。故收藏之家，以箬叶封裹入焙中，两三日一次，用火常如人体温温，则御湿润。若火多，则茶焦不可食。

注释

① 北苑凤凰山：凤凰山在今福建省建瓯市东峰镇附近，是宋代贡茶的主要产地，因此这一带的官焙被称为北苑。

② 前世之论水品者：指唐代张文新撰写的《煎茶水记》，是写水质优劣的著作。

③ 茶宜箬叶而畏香药：箬，指柔嫩的香蒲。畏香药，指茶叶不适宜与其他香料、药物放在一起，因为茶叶具有很强的吸异味性。

译文

对于茶叶的味道，其根本为甘甜爽润，而只有北苑凤凰山一带生产焙制出来的饼茶味道最好。隔着溪流其他几座山上的茶，即便及时采摘、精心制作，但其茶色和茶味都比较重，完全比不上北苑凤凰山产的茶。再者，如果烹茶的泉水不清冽甘甜，也会损害茶的味道。以前的品茶者之所以评论水的等级，原因就在于此。

对于茶叶的储藏，适宜用箬叶包裹存放，最怕沾染其他香料和药物。适宜放在温暖干燥的环境，忌讳放在潮湿阴冷的环境。因此，收藏茶叶的人，应当将饼茶用箬叶封装包裹好，然后放到茶焙中进行烘烤，这样每隔两三天重复一次。烘烤时，火焰的温度与人的体温接近，如此就可以防止茶叶受潮。反之，如果烘烤的火太大，就会烤焦饼茶，使其无法饮用。

建　茶

历史上有这样一个说法："唐诗是酒，宋词是茶"，也就是说唐诗没有不写酒的，宋词没有不写茶的。宋代关于茶的巨著举不胜举，如宋徽宗赵佶的《大观茶论》、蔡襄的《茶录》、陆羽的《茶经》等，宋茶文化之所以能冠绝古今，源于北苑御茶园生产的建茶。

北苑贡茶闻名于世，是中国御贡史最长的茶。宋真宗咸平初年，丁谓时任福建转运使，其督制的龙团茶饼供御后获赏。宋仁宗庆历年间，任福建转运使的蔡襄，在丁谓督造的大龙团的基础上，采用更严格的筛选方法和加工工艺，制出小龙团，进贡皇帝后更受欢迎。苏轼《咏茶诗》云："君不见，武夷溪边粟粒牙。"欧阳修在《归田录》中对小龙团的珍贵也颇有感慨："凡二十饼重一斤，值黄金二两，然金可有而茶不易得也。"

北苑御茶园一角，建溪河畔

原典

炙茶

茶或经年，则香、色、味皆陈。于净器中以沸汤渍之，刮去膏油一两重乃止，以钤箝之[①]，微火炙干，然后碎碾。若当年新茶，则不用此说。

碾茶

碾茶先以净纸密裹捶碎，然后熟碾。其大要，旋碾则色白，或经宿则色已昏矣[②]。

注释

①以钤箝之：钤，炙茶的器具。箝，夹。

②或经宿则色已昏矣：烘焙好的茶叶放一晚上再碾，茶色会变暗。因此宋代的时候，一般在点茶之前才临时碾茶，并根据人数的多少来决定碾磨茶叶的量。

碾 茶

译文

关于茶的烘烤，有的饼茶放置时间超过一年以后，其香气、颜色和味道都会变得陈旧。此时，可以将茶叶放到干净的容器中用沸水浸泡，当饼茶表面一两层的油脂被刮掉之后，再用茶钤夹着，放到微火上烤干，然后碾成碎末。但如果是当年产的新茶，就不需要这样做了。

关于碾茶，在碾之前，先用干净的纸将饼茶包裹严实，然后再将其捶捣成碎块，之后再对碎块细细地碾压。碾茶是有诀窍的：如果烘烤之后立刻碾压，茶的颜色就会发白；如果饼茶放置了一个晚上，再进行碾压，其茶色就会变暗。

原典

罗茶

罗细则茶浮，粗则水浮[①]。

候汤

候汤[②]最难。未熟则沫浮，过熟则茶沉，前世谓之蟹眼[③]者，过熟汤也。沉瓶中煮之不可辨，故曰候汤最难。

注释

① 水浮：指茶末比较粗大，水无法浸透，因此水和茶末就产生不融溶的现象，茶末浮在水面上。

② 候汤：古人点茶专用术语。指茶水要煮到恰到好处，火候既要达到，还不能过度，要随时观察，这个过程就被称为候汤。

③ 蟹眼：当茶水煮开后刚开始沸腾的时候，表面会形成看上去像螃蟹眼似的细小水泡，这些小水泡被称为蟹眼。

译文

对于筛茶，如果筛孔过密，筛出的茶末就比较精细，那么在点茶时，茶末会浮在水面上。如果筛孔粗大，筛出的茶末也粗大，在点茶时，茶末会沉到水面下。

对于茶水烹煮的适宜程度，这是最难掌握的。如果煮水的火候未到，那么茶末就会上浮；如果煮水的火候过头了，茶末则会下沉。之前所说的“蟹眼”指的就是煮过头的沸水。在煮水时，如果用的是很深的器皿，那么就很难判断火候是否合适，所以说候汤是最难掌握的。

原典

熁盏①

凡欲点茶，先须熁盏令热，冷则茶不浮。

点茶

茶少汤多，则云脚散②；汤少茶多，则粥面聚③（建人谓之云脚、粥面）。钞茶一钱匕④，先注汤调令极匀，又添注入，环回击拂。汤上盏可四分则止，视其面色鲜白，著盏无水痕为绝佳。建安斗试，以水痕先者为负，耐久者为胜，故较胜负之说，曰相去一水两水⑤。

注释

① 熁盏：指在注汤前，先用沸水或炭火给茶盏加热。熁，预热、加热。

② 云脚散：指茶少水多时茶末有的浮在水面，有的漂浮水中，就像云脚一样散乱。云脚，点茶后在茶汤表面靠近盏壁处出现的浮沫。

③ 粥面聚：指水少而茶多的时候，茶叶末就聚在水面，看上去像熬的粥面一样。粥面，茶汤浓时在其表面结成的一层薄膜，和粥膜有些像。

④ 一钱匕：古代重量单位，约相当于今两克多。

⑤ 曰相去一水两水：古人斗茶的时候规定，先出现水痕的为输者，长时间不出现水痕的为胜者，但胜负不是一次来决定，比如斗三次有两次先见水痕者为负，所以说相差“一水两水”。

译文

对于茶盏的预热，在点注茶汤前，都要先用沸水给茶盏预热，如果不预热，茶末就浮不起来。

对于点茶，如果茶末少而水多，茶汤表面出现的类似云脚一样的物质就会分散；如果水少而茶末多，茶汤表面出现的如粥面一样的物质就会凝结（建安人称为云脚、粥面）。所以，正确的做法是：抄取一钱匕的茶末，然后注入少量的开水将茶末调均匀，再注入大量的开水，并用茶筅拍击拂动。当开水注入离茶盏口大约五分之二的时候就停止注水。这时候，如果看到茶汤表面的颜色是鲜亮发白的，而且茶盏的边沿没有留下附着水的痕迹，这种是最好的效果。建安人斗茶时，以茶盏边缘先出现水痕的作为失败者，而长时间不出现水痕的则为胜者。所以比较胜负的说法也只是相差“一水两水”而已。

点茶和茶筅

点茶是古代沏茶法之一，特别是在宋代，是一种非常流行、时尚的沏茶方法。其既可以在两人或两人以上时进行，也可以独自一个人自煎、自点、自品，并且经常在斗茶时采用。点茶法是将茶叶末先放到茶碗里，并注入少量沸水将其调成糊状，然后再向茶碗里注入沸水。而为了使茶末与水能够更好地交融成一体，唐人发明了一种用细竹制作的工具，即茶筅。茶筅是点茶中必备的茶具，当将沸水再次注入茶碗后，需

《卖茶翁茶器图》中的茶器

要用茶筅旋转打击和拂动茶汤，使之泛起汤花，这被称为“运筅”或“击拂”。

点茶从元代起开始逐渐衰落，到了明代完全消失。但这种方法却东渡日本，并发展成为今天的日本茶道，其主要操作和器具依然沿袭宋代的规范，而茶筅也随之传入日本，成为日本茶道中不可缺少的茶具。

点 茶

下篇 论茶器

原典

茶焙①

茶焙编竹为之，裹以箬叶。盖其上，以收火也；隔其中，以有容也。纳火其下，去茶尺许，常温温然，所以养茶色、香、味也。

茶笼

茶不入焙者，宜密封裹，以箬笼盛之，置高处，不近湿气。

砧椎②

砧椎盖以砧茶。砧以木为之，椎或金或铁，取于便用。

注释

① 茶焙：烘烤团茶的工具，用来放置团茶。

② 砧椎：砧，指砧板，即捣碎团茶时垫在下面的木板。椎，捶击具，如木椎、铁椎，这里指捶团茶用的金属棍棒。

古人饮茶图

译文

茶焙是先用竹条编织而成，再用柔嫩的箬叶包裹严密。茶焙上面加盖，是用来保存聚积火气；茶焙的中间有间隔，是为了容纳更多的茶。焙茶时，炭火要放在茶焙的下面，与茶的距离大约有一尺，这样才可以保持恒温，使茶的色、香、味更加清香醇厚。

对于暂时不烘烤的饼茶，最好密封包裹严实，然后装到箬竹制成的茶笼里面，再放到高处，以防止湿气侵入。

砧板和椎都是用来捣捶饼茶的工具。砧板是用木头做成的，椎是用金或铁制成的，至于用哪种材料，还取决于使用的方便性。

原典

茶钤[①]

茶钤屈金铁为之，用以炙茶。

茶碾

茶碾以银或铁为之。黄金性柔，铜及鍮石皆能生铫[②]（音星），不入用。

茶罗

茶罗以绝细为佳。罗底用蜀东川鹅溪画绢[③]之密者，投汤中揉洗以幂之[④]。

注释

①茶钤：焙烤时用来夹团茶的钳形工具。

②生铫：生锈。铫，金属的锈。

③鹅溪画绢：鹅溪，地名，在今四川省盐亭县西北，以产绢闻名。

④幂之：幂，覆盖、罩住、遮掩。

茶碾

译文

茶钤是将金或者铁弯曲，然后制成夹子的形状。它是用来夹住茶饼在火上炙烤的工具。

茶碾是用银或铁制造而成的。之所以用这两种材料，是因为黄金的质地太软，而铜和鍮石又都容易生锈，所以这些材料都不能使用。

茶罗，越细密越好，罗底要用四川东川县鹅溪所产的细画绢制作，制作时，要先将画绢放到热水中揉洗，之后再罩到罗底上。

茶艺表演

原典

茶盏[①]

茶色白，宜黑盏。建安所造者绀[②]黑，纹如兔毫[③]，其杯微厚，熁之久热难冷，最为要用。出他处者，或薄或色紫，皆不及也。其青白盏，斗试家自不用。

茶匙

茶匙要重，击拂有力。黄金为上，人间以银、铁为之。竹者轻，建茶不取。

汤瓶

瓶要小者易候汤，又点茶注汤有准。黄金为上，人间以银、铁或瓷、石为之。

注释

① 茶盏：一种敞口小足的茶具，外形类似于小碗。

② 绀：深青透红的颜色。

③ 纹如兔毫：指黑釉表面有细丝状白色斑纹，形状就像兔毫。

译文

茶汤的颜色以白色为好，所以适合使用黑色的茶盏。而建安出产的茶盏黑中带红，釉表面的白色细纹就像兔毫，其杯壁稍微有点厚，预热过后长时间都不会冷却下来，所以是点茶比赛时最适合的器具。其他地方出产的茶盏，有的太薄，有的颜色发紫，都无法与建安产的相比。还有一种青白色的茶盏，这种颜色斗茶的人自然不会选用。

茶匙要有重量，这样搅拌茶汤时才有力。其中以黄金制作的为最好，民间一般都是用银或铁来制作。竹制的茶匙太轻，建安人在点茶时是不用的。

煮水用的汤瓶腰部要细，这样便于掌握煮水的情况，而且点茶时也方便控制加入热水的量。汤瓶以黄金制的为最好，民间一般用银、铁或瓷、石等制作。

品茶会

后　序

原典

臣皇祐[①]中修起居注，奏事仁宗皇帝，屡承天问以建安贡茶并所以试茶之状。臣谓论茶虽禁中[②]语，无事于密，造《茶录》二篇上进。后知福州[③]，为掌书记[④]窃去藏稿，不复能记。知怀安县樊纪[⑤]购得之，遂以刊勒，行于好事者，然多舛谬。臣追念先帝顾遇之恩，揽本流涕，辄加正定，书之于石，以永其传。治平元年[⑥]五月二十六日，三司使给事中[⑦]臣蔡襄谨记。

译文

微臣在皇祐年间曾参与修撰起居注，在向先帝仁宗皇帝禀告事情的时候，多次承蒙皇帝询问关于建安贡茶以及试茶的情况。微臣以为，虽然这些关于茶的谈话是在宫廷内谈论的，但不是非常机密的事情，因此写成了《茶录》两篇，想要进呈给先帝。后来我到福州任职，所藏的底稿

注释

① 皇祐：宋朝第四位皇帝仁宗赵祯的年号。

② 禁中：指皇帝的宫中。

③ 知福州：指担任福建转运使一职。

④ 掌书记：宋代州府军监下属的幕职官。

⑤ 怀安县樊纪：怀安县，治所在今河北省张家口市。樊纪是怀安县的知县。

⑥ 治平元年：即公元1064年。治平，宋朝第五位皇帝英宗赵曙的年号，赵曙为宋仁宗赵祯的养子。

⑦ 三司使给事中：三司使，指盐铁使、度支使、户部使。给事中，宋代官职，属门下省。

被掌书记偷走，《茶录》的内容再也回忆不起来了。后来怀安县的知县樊纪买到了这份底稿，于是便刊刻了，并流传到一些爱好茶事的人手中，但是底稿的错误之处很多。微臣追忆、怀念先帝当年的眷顾、知遇之恩，因此捧着书泪流不止，于是将此书加以勘正、写定，并刻到石碑上，以使其永远流传于世。治平元年五月二十六日，三司使给事中微臣蔡襄谨记。

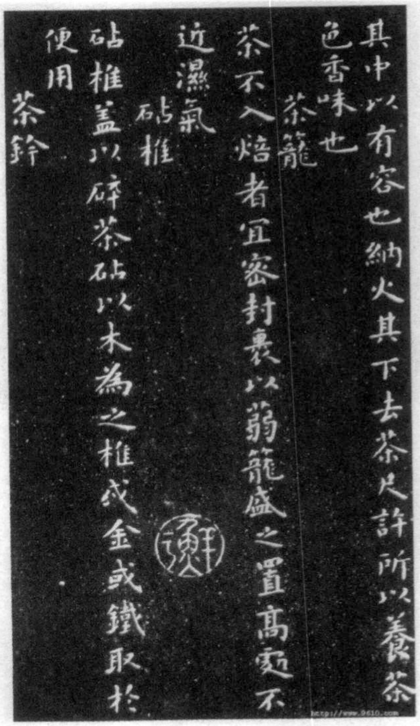
其中以有容也納火其下去茶尺許所以養茶色香味也
茶籠
茶不入焙者宜密封裹以蒻籠盛之置高處不近濕氣
砧椎
砧椎蓋以碎茶砧以木為之椎或金或鐵取於便用
茶鈐

北苑《茶录》石刻

蔡襄鉴茶

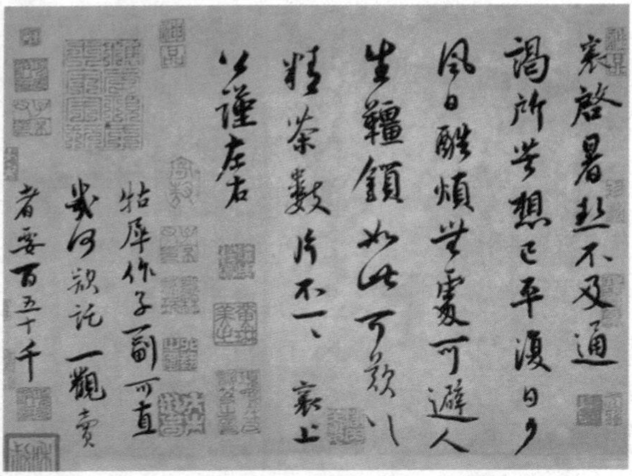

蔡襄的和茶相关的书法

蔡襄是福建人，生于茶乡地带，再加上曾任福州路转运使，监造小龙团茶，因此对于茶事非常了解，善于鉴别茶叶，被后人誉为“中国第一品茶专家”。有一年，建安能仁院的寺僧们采制了八饼石岩白茶，分送给蔡襄以及京师内翰禹玉各四饼。年末的时候，蔡襄奉诏进京，顺便去拜访禹玉，禹玉非常热情，命弟子取出家中最好的茶来招待。茶上来后，蔡襄捧起来，还没有品尝，就说道：“此茶很像能仁院的岩白茶，你是从哪里得到的呢？”禹玉不相信这是岩白茶，于是命人取茶贴进行查验，结果真的正如蔡襄所说。由此可知，蔡襄鉴别茶叶功力之高，这种善于鉴别茶叶的能力，即便是到今天也很少有人能做到。

品茶要录

[宋]黄儒　原著

现代茶具

《品茶要录》为宋代著名茶书。此书与宋代其他茶书有所不同，其他茶书一般都是记载团饼茶的品类、点试方法、点试器具以及茶叶产地之类的内容，而此书则另辟蹊径，主要探讨了制造饼茶的十种弊端，通过这些弊端，可以使今人窥见宋代茶品的鉴别方法及采茶、制茶情况，因此《四库全书总目提要》称《品茶要录》是“与他家茶录惟论地产、品目及烹试器具者，用意稍别”。

宋人煮茶图

序

原典

说者尝怪陆羽《茶经》不第建安之品，盖前此茶事未甚兴，灵芽真笋，往往委翳消腐，而人不知惜。自国初已来，士大夫沐浴膏泽，咏歌升平之日久矣。夫体势洒落，神观冲淡，惟兹茗饮为可喜。园林亦相与摘英夸异，制卷鬻新而趋时之好，故殊绝之品始得自出于榛莽之间，而其名遂冠天下。借使陆羽复起，阅其金饼①，味其云腴②，当爽然自失矣。因念草木之材，一有负瑰伟绝特者，未尝不遇时而后兴，况于人乎！然士大夫间为珍藏精试之具，非会雅好真，未尝辄出。其好事者，又尝论其采制之出入，器用之宜否，较试之汤火，图于缣素，传玩于时，独未有补于赏鉴之明耳。盖园民射利，膏油其面，色品味易辨而难评。予因收阅之暇，为原采造之得失，较试之低昂，次为十说，以中其病，题曰《品茶要录》云。

注释

① 金饼：宋代进贡的团茶。

② 云腴：一种用采自天然生长的白叶茶树的茶叶烘制而成的贡茶。

译文

人们在谈论茶的时候，总是责备陆羽的《茶经》没有写入建安的茶叶，而之所以如此，可能是因为在我朝之前建安的茶事还不是特别兴盛，上佳的茶芽或茶叶很多都掩藏在茂密丛生的草木里面，由于人们不认识、不了解，所以也不懂得珍惜，这些好的茶芽就这样随着时间而枯萎、腐烂，最终消亡。自我朝以来，士大夫们蒙受着皇恩的庇护，歌舞升平的日子已经很久了，他们为人行事都很洒脱，气质也比较温和，只是将饮茶看作令人兴奋、喜悦的事。茶园也争相采摘上等的茶叶，然后进行焙制、销售，以这种新奇的茶品来迎合饮茶的风气，这也使得掩藏在草木丛中的上好茶叶被发现，于是建安茶也随之名闻天下。如果陆羽能够复活，观赏到我朝的“金饼”团茶，品尝到我朝的“云腴”白茶，肯定会明白自己以前有多大的失误。由此，我感念到，即便是这些瑰丽奇特的草木，不也需要遇到好的时运才会兴盛，又何况是人呢！有的士大夫珍藏有精巧雅致的饮茶器具，但如果不是真正高雅的朋友间的聚会，他是不会轻易拿出来的。有好事的人，又经常谈论采茶制茶工艺的差别、饮茶器具是否合适、点茶时的火候掌握，并将这些都画在白色的绢上，在士大夫中传观赏玩，但唯独没有人去补充鉴赏茶叶的内容。这可能是因为茶农为了追求利益，将油脂涂抹到饼茶的表面，从而使得饼茶的颜色、品类、味道很容易辨别，但评价其优劣却非常困难。因此我就在收藏、鉴赏茶品的闲暇之余，总结了原来的采摘办法、制茶方法、试茶优劣的根源，依次列出了十个方面，指出其中的问题，并命名为《品茶要录》。

采造过时

原典

茶事起于惊蛰[①]前，其采芽如鹰爪，初造曰试焙[②]，又曰一火，其次曰二火。二火之茶，已次一火矣。故市茶芽者，惟同出于三火前者为最佳。尤喜薄寒气候，阴不至于冻（芽发时尤畏霜，有造于一火二火皆遇霜，而三火霜霁，则三火之茶已胜矣），晴不至于暄，则谷芽含养约勒而滋长有渐，采工亦优为矣。凡试时泛色鲜白，隐于薄雾者，得于佳时而然也。有造于积雨者，其色昏黄；或气候暴暄，茶芽蒸发，采工汗手熏渍，拣摘不给，则制造虽多，皆为常品矣。试时色非鲜白、水脚[③]微红者，过时之病也。

注释

① 惊蛰：二十四节气的第三个节气，在公历三月的五日或六日，标志着仲春时节的开始。福建茶区因处于低纬度，因此茶树生长比较快，采茶一般在惊蛰前。

② 试焙：宋代的时候，人们将每年第一次开火焙制团茶称为试焙。

③ 水脚：点茶后茶盏壁上留下的水痕。

译文

采摘茶叶要在惊蛰之前进行，这时采摘的茶芽就像鹰爪一样。第一次开火焙茶叫作“试焙”，也称为“一火”，第二次烘焙称为“二火”。“二火”焙出来的茶，比“一火”的差一些。所以卖茶的，其“三火”之前制作出的饼茶才是最好的。不管是采茶还是

采　摘

制茶，都特别喜欢在微寒的气候进行，微寒的气候可以阴冷但不能有霜冻（茶芽生长时特别怕霜，如果“一火”“二火”制作饼茶时都遇到了霜冻，而到了“三火”时，霜冻的天气又消失了，那么“三火”焙制出的饼茶品质就好一些）。天气晴朗的时候采摘，太阳不能过于强烈、炙热，这样茶芽中含有的养分就会内蓄而不外泄，并且生长速度合适，这时是茶农采摘的最好时机。如果在试焙的时候，茶笼上面泛出像薄雾笼罩似的、颜色鲜亮发白的茶叶，这些都是采于最佳时机的茶叶。有些在阴雨连绵的天气采摘的茶叶，其制作出的茶的颜色就暗淡发黄。如果在天气炎热、茶芽水分蒸发的比较多的时候采摘，再加上经过了采茶人汗手的浸渍，并且没有将这些茶芽挑出来，这样的茶即使焙制得再好，也不过是普通品种。点试时，那些茶汤颜色不鲜亮发白的，“水脚”又有些微红的，这些都是因为采摘、焙制茶叶时节不合适造成的。

白合盗叶

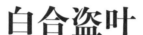

原典

茶之精绝者曰斗[①]，曰亚斗，其次拣芽[②]。茶芽，斗品虽最上，园户或只一株，盖天材间有特异，非能皆然也。且物之变势无穷，而人之耳目有尽，故造斗品之家，有昔优而今劣、前负而后胜者。虽人工有至有不至，亦造化推移不可得而擅也。其造，一火曰斗，二火曰亚斗，不过十数铸[③]而已。拣芽则不然，遍园陇中择去其精英者耳。其或贪多务得，又滋色泽，往往以白合盗叶间之。试时色虽鲜白，其味涩淡者，间白合盗叶[④]之病也。（一鹰爪之芽，有两小叶抱而生者，白合也。新条叶之抱生而色白者，盗叶也。造拣芽常剔取鹰爪，而白合不用，况盗叶乎。）

注释

① 斗：宋朝的时候将最高级的团饼茶称为“斗”或“斗品”。

② 拣芽：一种高品质的茶芽。

③ 十数铸：十多饼团饼茶。铸，团饼茶的量词。

④ 白合盗叶：指用来制茶的茶叶中夹杂有不合乎要求的对夹叶与粗老叶。白合，指两叶抱生的茶芽。盗叶，指新发的枝条上刚长出来的、颜色发白的嫩叶。

译文

茶叶中的极品称为“斗”或“亚斗”，次之的称为“拣芽”。虽然“斗”一类的茶芽是最上乘的，但种茶的园户家里也许只有一株，这一株可能是众多茶树中偶尔出现的一个特异品种，不可能所有的茶树都是如此。况且事物的变化无常，但人能够听到和见到的事物却是有限的，因而制作“斗”这种极品茶的人，有的以前制作出的茶品优质，但现在制作出的却是低劣的，也有从前制作得不好，后来居上的。虽然制茶工艺依赖于技术水平，有到家与不到家的差别，但自然变化是不可控的，它不可能让某一个人永远处于某一位置而不改变。焙茶时，“一火”焙制出的茶称为“斗”，“二火”焙制出的茶称为“亚斗”，但这两种茶加起来也不过有十几铐而已。“拣芽”却并非如此，只要走遍整个茶园或茶陇，采摘到最好的芽叶就可以了。但有的茶农贪图量多，又为了使饼茶的颜色润泽，于是常将白合、盗叶掺杂到好茶里面。在点试茶叶的时候，如果茶汤的颜色看起来鲜亮发白，但喝起来却感到发涩、味道比较淡，这表明里面掺杂了白合、盗叶。（在鹰爪形的茶芽中，如果两片小叶是抱生的，这种茶芽是白合；如果芽叶是在新枝条上抱生，且颜色发白，这样的是盗叶。在拣茶芽的时候，通常要剔除鹰爪形的芽叶，连白合都被弃之不用了，更何况盗叶呢？）

“拣芽”的古今含义

在黄儒的《品茶要录》中，“拣芽”是一种高品质的茶芽，同时也有挑拣的意思，但现在“拣芽”只有挑拣茶芽的意思，可见这个词的古今含义是不同的。由于采摘的茶芽质量有好有差，所以必须挑拣。从这方面来说，拣芽在古今都很重视。

在茶芽中有小芽、中芽、紫芽、白合和乌带五种分别。形状像小鹰爪的是“小芽”，需要先蒸熟，然后再浸到水盆中挑拣出如针般细的小蕊，这种从“小芽”中挑选出的茶芽称为“水芽”。水芽是茶芽中的精品，小芽次之，中芽又下，紫芽、白合和乌带多不用。

拣 茶

入　杂

原典

物固不可以容伪，况饮食之物，尤不可也。故茶有入他叶者，建人号为“入杂”。銙列入柿叶[1]，常品入桴槛叶。二叶易致，又滋色泽，园民欺售直而为之也。试时无粟纹甘香，盏面浮散隐如微毛，或星星如纤絮者，入杂之病也。善茶品者，侧盏视之，所入之多寡，从可知矣。向上下品有之，近虽銙列，亦或勾使[2]。

注释

① 柿叶：柿科植物柿树的叶子。

② 勾使：掺入杂叶。

译文

物体里面本就不可以掺杂假的东西，何况是吃的呢，就更加不可以了。所以当茶叶中掺杂有其他叶子时，建州人称之为“入杂”。上好的茶中一般掺入的是柿叶，普通茶品中一般掺入的是桴槛叶，因为这两种叶子比较容易采摘到，而且掺杂进去后，还可以增加茶叶的颜色和光泽，茶农经常为了多卖钱而这样做假。在试焙的时候，如果茶叶没有粟样的纹理和甘香的味道，茶汤的表面浮散着像细毛一样的东西，或者浮着细小如棉絮一样的东西，这都是因为掺入杂叶而造成的。善于品茶的人，在饮茶时会将茶盏侧过来观察，这样就可以看出掺入了多少杂叶。以前给宫廷进贡的下等茶都有这种情况，近来即使是一些上等的好茶，有时也会为了追求更多的利益而掺入杂叶。

霍山黄芽茶汤

柿叶茶

柿叶指柿子树的叶子，可以用来制茶，所以古人会将其掺入茶叶中。柿子叶中含有与茶叶相类似的单宁物质，沏水后闻起来清香扑鼻，经常饮用能增进机体的新陈代谢，利小便、通大便、净化血液，使机体组织细胞复苏。而且柿子叶还含有降血压的成分，长期饮用，可以起到软化血管、降低血脂、安神、美容和减肥作用。此外，如果与不好喝的花草相混合，可使其味道变得较为温润。日本民间就有饮柿叶茶的习惯。但饮用的时候不要同饮咖啡或红、绿茶等碱性饮料，因为柿叶茶为弱酸性，两者相克。另外，柿叶茶不要长时间浸泡，大概五分钟就可以了。

蒸不熟

原典

谷芽初采，不过盈箱①而已，趣时争新之势然也。既采而蒸，既蒸而研。蒸有不熟之病②，有过熟之病。蒸不熟，则虽精芽，所损已多。试时色青易沉，味为桃仁之气者，不蒸熟之病也。唯正熟者，味甘香。

注释

①盈箱：充满一箱或一筐。盈，充满。

②蒸有不熟之病：指蒸青的时候，因蒸汽杀青程度不够，而使茶叶有生青苦涩味道。

译文

谷芽刚开始采摘的时候，只能采满一箱而已，这是为了迎合市场追求新颖而造成的。采摘后要立刻蒸青，蒸好后要立即研磨。蒸茶有不熟和过熟的问题。如果没有蒸熟，即便是上等的茶芽，其品质也会降低很多。试焙的时候，如果茶的颜色发青，容易沉底，并有一股桃仁的味道，这是没有蒸熟造成的。只有蒸青程度恰到好处，茶才会显出甘甜、清香的气味。

炒茶的灶台

过　熟

原典

茶芽方蒸，以气为候[①]，视之不可以不谨也。试时色黄而粟纹大者，过熟之病[②]也。然虽过熟，愈于不熟，甘香之味胜也。故君谟论色，则以青白胜黄白；予论味，则以黄白胜青白。

注释

①以气为候：以蒸汽为判断火候的标准。气，蒸汽。候，标准。

②过熟之病：指蒸青时间太长，使叶子变黄，产生黄叶黄汤的问题。病，问题、弊病。

古人蒸茶

译文

茶芽刚开始蒸的时候，应以蒸汽情况来作为判断掌握火候的标准，所以观察的时候一定要谨慎。试焙的时候，颜色发黄且粟状纹理偏大，这都是过熟的原因造成的。但即使是过熟，也比不熟好一些，因为过熟的茶饮的时候，其味道相对甘甜、清香一些。所以我在评论茶的时候，如果以颜色作为依据评定茶的优劣，我认为青白色的茶胜过黄白色的茶。如果依据气味来评定茶的优劣，我认为黄白色的茶胜过青白色的茶。

焦　釜

原典

茶，蒸不可以逾久，久而过熟，又久则汤干而焦釜之气上。茶工有泛新汤以益之，是致熏损茶黄[①]。试时色多昏红，气焦味恶者，焦釜之病[②]也（建人号为热锅气）。

注释

①茶黄：指已经蒸熟的茶。

②焦釜之病：指由于蒸青时间太长，使得锅中的水被烧干，于是出现焦煳气味而渗入茶味中。

译文

茶不能蒸的时间太长，时间长了就会过熟，如果过熟了还蒸，就会将茶水熬干，出现煳锅的气味。于是为了不使锅被烧干，有的人会再次添加新的开水，结果导致茶芽被熏损而使其颜色变黄。试焙的时候，茶的颜色暗红，并有焦煳气味的，这都是煳锅造成的（建州人称之为“热锅气”）。

压　黄

原典

茶已蒸者为黄。黄细，则已入卷模[①]制之矣。盖清洁鲜明，则香色如之。故采佳品者，常于半晓间冲蒙云雾[②]，或以罐汲新泉悬胸间，得必投其中，盖欲鲜也。其或日气烘烁，茶芽暴长，工力不给，其采芽已陈而不及蒸，蒸而不及研，研或出宿而后制。试时色不鲜明，薄如坏卵气者，压黄[③]之谓也。

注释

① 卷模：指专门用来制作蒸青团饼茶的模具。

② 常于半晓间冲蒙云雾：常在日出前进入高山云雾间采摘茶叶。因为日出之前采摘茶叶时机最佳。

③ 压黄：指茶叶积压而不能立刻进行蒸青、制作、焙烤。

译文

蒸青后的茶称为“黄”，研磨后的“黄”，就可以放到卷模制作饼茶了。外观看上去清洁、颜色比较鲜亮的饼茶，其味道也相应地会好一些。所以为了采摘上等的好茶，茶农经常天不亮就进入高山云雾里面去采摘，有人还在水罐中装上新鲜的泉水，然后挂在胸前，将采到的好茶投进罐里，这样做的目的可能是为了保鲜。如果光照强烈，茶芽生长较快，而采制的人手又不够，此时采下的茶芽就不新鲜了，加之也没有时间及时蒸，即使可以蒸，但蒸完之后又来不及研磨，或者研好了茶末又要放一夜才制作饼茶。这样的茶在试焙时，颜色不会鲜亮，而且还带有一股坏了的鸡蛋的气味，这都是茶黄积压的毛病。

渍　膏

原典

茶饼光黄，又如荫润者，榨不干也。榨欲尽去其膏，膏尽则有如干竹叶之色。唯饰首面者①，故榨不欲干，以利易售。试时色虽鲜白，其味带苦者，渍膏②之病也。

注释

① 饰首面者：指讲究表面装饰的团饼茶。

② 渍膏：茶叶含有太多水分和汁液。

译文

饼茶的表面看起来光润发黄，又像受过潮似的，这是由于其水分没有榨干。榨的时候应该尽量除去水分，水分榨尽的茶叶颜色像干竹叶一样。只有那些为了茶叶表面好看的人，才会故意不榨干水分，以方便销售。试焙时，如果颜色看起来鲜亮发白，尝起来味道却稍带苦涩，这是茶叶中含有太多水分造成的。

古人榨茶

伤　焙

原典

夫茶本以芽叶之物就之卷模，既出卷，上笪①焙之。用火务令通彻，即以灰覆之，虚其中，以热火气。然茶民不喜用实炭②，号为冷火，以茶饼新湿，欲速干以见售，故用火常带烟焰。烟焰既多，稍失看候，以故熏损茶饼。试时其色昏红，气味带焦者，伤焙③之病也。

注释

① 笪：一种竹制品，用竹篾制成，外形像铺在地上的席子。

② 实炭：没有实焰的炭火，也称为冷火。

③ 伤焙：焙烤时因为火候太旺，熏坏团饼茶，使其带有一股烟熏气味。

译文

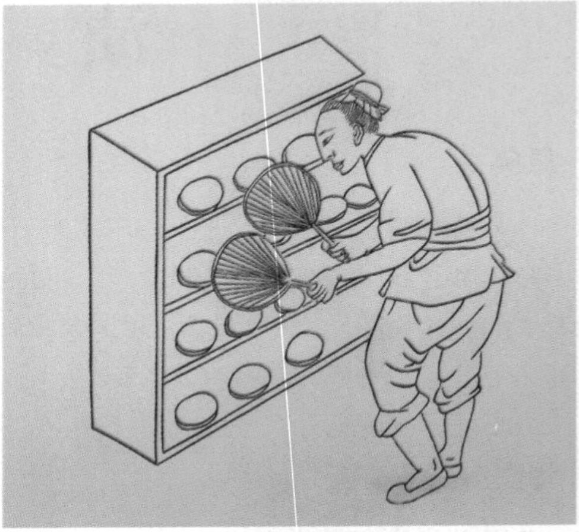
古人干燥茶叶

制作茶叶时，要先将茶芽叶放到模具中，然后从模具中取出，放到竹席上进行烘焙。烘焙时的火一定要通畅透彻，然后将炉灰覆盖到火苗上，灰不能覆盖得太严实，要虚空，这样是为了保持火的温度。但是制茶人不喜欢用这种无焰的炭火，并称其为“冷火”。为什么不喜欢呢？因为新制作出的饼茶是湿的，制茶的人希望湿饼能快速干燥，以便尽快卖出去，所以他们在烘焙茶叶时，使用的火经常带有烟和火焰。而烟和火焰多了，稍有疏忽，没有掌握好火候，就会熏坏饼茶。试焙时，如果饼茶呈暗红颜色，并带有焦煳气味，这是因为火大造成的问题。

辨壑源、沙溪

原典

壑源[①]、沙溪[②]，其地相背，而中隔一岭，其势无数里之远，然茶产顿殊。有能出力移栽植之，不为土气所化。窃尝怪茶之为草，一物尔，其势必由得地而后异。岂水络地脉，偏钟粹于壑源？抑御焙[③]占此大冈巍陇，神物伏护，得其余荫耶？何其芳甘精至而独擅天下也。观乎春雷一惊[④]，筠笼才起[⑤]，售者已担簦[⑥]挈橐于其门，或先期而散留金钱，或茶才入笪而争酬所直，故壑源之茶常不足客所求。其有杰猾之园民，

注释

① 壑源：指壑源岭，位于今福建省建瓯境内，是宋代著名的团饼茶产地。

② 沙溪：位置与壑源只相隔一岭，是宋代团饼茶的主要产地。这里产的团饼茶表面光泽度比较高。

③ 御焙：指北苑凤凰山的贡焙。

④ 春雷一惊：指二十四节气中的惊蛰，这个时节气温开始上升，土地解冻，春雷始鸣。

⑤ 筠笼才起：意思是刚开始采茶。筠笼，指采茶的竹篓。

⑥ 簦：一种带柄的、类似伞的竹笠。

阴取沙溪茶黄，杂就家卷而制之，人徒趋其名，睨其规模之相若，不能原其实者，盖有之矣。凡壑源之茶售以十，则沙溪之茶售以五，其直大率仿此。然沙溪之园民，亦勇以为利，或杂以松黄，饰其首面。凡肉理怯薄，体轻而色黄，试时虽鲜白不能久泛，香薄而味短者，沙溪之品也。凡肉理实厚，体坚而色紫，试时泛盏凝久，香滑而味长者，壑源之品也。

译文

壑源、沙溪两个地方背对着，中间隔着一座山岭，其实这两个地方的距离并没有多远，但出产的茶叶品质却有很大差别。有人曾经尝试将两个地方的茶叶移栽种植，但茶树并没有因为被移栽到新的土壤环境而被同化。我暗自感到奇怪，茶不过是一种草木植物罢了，其品质必定会因为生长的土壤的适宜程度不同而有所不同。难道是因为水文和地脉的精华都汇聚到了壑源？还是因为皇家御焙占据了此地的高山峻岭，所以受到神灵的保佑，于是壑源也随之受到了庇护呢？否则，为什么壑源产的茶如此芳香甜美、无比精致，而且还是天下绝无仅有的呢？每到惊蛰时节，壑源的茶农们刚背起竹笼去采茶，各地的茶商就已经背着簦、带着布袋登门求购了：有的茶商是提前预约并预付定金，有的茶商则是在茶叶刚上席进行烘烤时，便开始争相付钱购买，所以壑源产的茶总是供不应求。于是有些奸猾狡黠的茶农，就背地里取来沙溪产的茶黄，然后掺进自家的壑源茶里面，再放入模具制作成饼茶出售。人们买茶时，都是奔着壑源茶的名声而来的，所以看到饼茶的外形差不多就购买，却不了解其中真实的情况，这种情况经常存在。如果壑源茶的销售价格为十，那么沙溪茶的销售价格就为五，两者在价格方面基本就是这个比例。但沙溪的茶农也竞相追逐利润，他们在卖茶时，有的会在茶里面掺进松黄，用以装饰饼茶的表面。凡是茶叶质地不丰厚润泽的，或重量轻且颜色发黄的，或者在试焙时颜色看起来鲜亮发白却无法持久、香味清淡且回味短暂的，这样的茶都是沙溪产的。凡是质地丰厚润泽，或质地坚实细密而颜色发紫的，或者在试焙时水痕持续时间长、香味滑口且回味悠长的，这样的茶都是壑源产的。

消失的壑源茶

壑源在宋代是闻名全国的出产好茶的地方，虽然其为民间私焙，生产的茶却为贡茶。当时不管是皇家，还是名家雅士，都对其大加盛赞。宋徽宗赵佶在《大观茶论》里说：“本朝之兴，岁修建溪之贡，龙团凤饼，名冠天下，壑源之品，亦自此

蒙顶山

盛。”黄庭坚《谢送碾壑源拣芽》诗曰：“壑源包贡第一春，缃奁碾香供玉食。”苏东坡《次韵曹辅寄壑源试焙新茶》诗曰：“仙山灵草湿得去……从来佳茗似佳人。”曾巩《方推官寄新茶》诗曰：“采摘东溪最上春，壑源诸叶品尤新。”米芾《苕溪诗贴》诗曰：“……点尽壑源茶。”曾几《谢人送壑源绝品云九重所赐也》诗曰：“谁分金掌露，来作玉溪浆。”这样的赞诗还有很多，但就是如此辉煌的壑源茶，如今却消失得无影无踪，甚至连遗址都无迹可寻。而壑源这个地名如今也已不存在，其位置在今天的福建省建瓯市东峰镇裴桥村，这里既没有茶厂，也没有人会传统制茶工艺，只有零星几处山，出产的茶都是卖到外地去加工。

后　论

原典

予尝论茶之精绝者，其白合未开，其细如麦，盖得青阳[①]之轻清者也。又其山多带砂石而号嘉品者，皆在山南，盖得朝阳之和者也。予尝事闲，乘晷景[②]之明净，适轩亭之潇洒，一取佳品尝试，既而神水生于华池[③]，愈甘而清，其有助乎？然建安之茶，散天下者不为少，而得建安之精品不为多，盖有得之者不能辨，能辨矣，或不善于烹试，善烹试矣，或非其时，犹不善也，况非其宾乎？然未有主贤而宾愚者也。夫惟知此，然后尽茶之事。昔者陆羽号为知茶，然羽之所知者，皆今之所谓草茶[④]。何哉？如鸿渐所论“蒸笋并叶，畏流其膏”，盖草茶味短而淡，故常恐去膏；建茶力厚而甘，故惟欲去膏。又论福建而为“未详”，“往往得之，其味极佳”，由是观之，鸿渐未尝到建安欤？

注释

① 青阳：指春天。

② 晷景：日影。

③ 华池：古人将口或舌下称为华池。

④ 草茶：蒸熟后，既不捣碎，也不击打，而是直接烘干的散叶茶，称为草茶。

译文

我曾经论述过关于极品茶的情况，这种茶采摘时，其两叶抱生的茶芽还没有张开，芽形非常纤细，就像麦芒一样，这是因为其得到了春天清和气息的滋润。另外，生长的土壤中带有砂石而且被称作优质品种的茶树，都生长在山的南面，这是因为这些茶树沐浴了早晨温暖的阳光。我曾在空闲的时候，趁着明亮的阳光，来到轩亭里面，找来一些好茶进行品尝，立刻感到满口生津，并且愈发得甘甜清爽，难道这种感觉是饮茶带来的吗？建安所产的茶在全国很多地方都可以买到，但真正得到建安茶精品的人却不多，就算有的人得到了也不一定能辨认，即使能够辨认，也不一定善于烹煮点试。而善于烹煮点试的，可能又没有饮茶的好机会，这样一来，又和不善于点试有什么区别呢？更何况若宾客也都不懂得品茶呢？但从来还没有出现过主人贤明，而宾客却愚笨的情况。只有明白了这些，才能完全了解关于茶的知识。从前陆羽号称自己很懂茶，但是陆羽所了解的茶叶不过是我们现在所说的“草茶”而已。为什么这样说呢？因为他曾经说过“将已经蒸好的茶芽和茶叶摊开，以防止膏汁流失”，这可能是因为草茶的回味短暂，且口感比较清淡，所以比较害怕膏汁的流失，但建安的茶不一样，其味道浓厚且甘甜，所以必须将膏汁去掉才合适。陆羽在谈论福建茶时又说“不是很了解”，“经常得到，味道都特别好”，由此看来，难道陆羽真的没有到过建安吗？

北苑贡茶茶汤

北苑贡茶

建 茶

建茶因产于福建建溪流域而得名。历史上所属福建建州，其中以宋代福建建州建安县（今建瓯市）的北苑凤凰山一带为主体的产茶区生产的北苑贡茶最为有名，是中国御贡史最长的茶。陆羽在《茶经》中曾说建州之茶“往往得之，其味极佳”，但并没有介绍建茶，这是因为陆羽写作《茶经》的时候，正处于唐中期，这时建州建安虽然也产团茶，但无论在数量上还是质量上都是有限的，而且也不是贡茶，当时世人知道的并不多，况且陆羽又没有到过建州，所以他未将建茶列入《茶经》里面也是可以理解的。

建瓯、建阳一带的闽北水仙茶

到了后唐时期，建溪流域特别是建州建安北苑凤凰山一带因盛产茶叶成为江南著名的茶叶产区，其所产的茶品也小有名气了，且被当地官员列为每年上贡之品。但此时建茶仍只是小有名气，其真正享誉全国则是在宋代。宋代的丁谓曾任福建漕运使，蔡襄曾任福建路转运使，二人在任期间，不仅亲自督造制茶，而且为此特别撰写了茶学专著《建安茶录》和《茶录》，从此，也奠定了北苑贡茶的历史地位。

建瓯市的矮脚乌龙茶

建瓯东峰北苑凤凰山御茶园

茶疏

[明]许次纾 原著

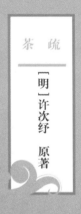

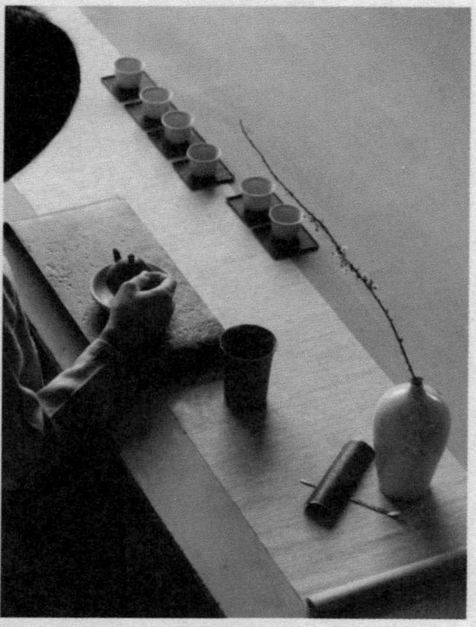

现代茶具

明代茶书创作异常繁盛，是继两宋之后的又一高峰期，而在众多茶书中，尤以许次纾的《茶疏》最有名。此书即便是在中国历代茶书中，也具有相当高的地位。清代著名诗人、对茶颇有研究的厉鹗在《东城杂记》中评价此书说，“深得茗柯至理，与陆羽《茶经》相表里”，给予了该书很高的赞誉。无论此评是否过当，这都从一方面说明了《茶疏》的地位。

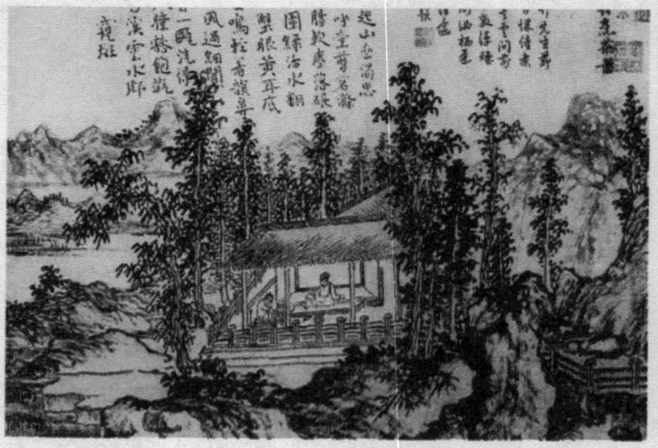

古人品茶图

产　茶

原典

天下名山，必产灵草。江南地暖，故独宜茶。大江以北，则称六安①，然六安乃其郡名，其实产霍山县②之大蜀山也。茶生最多，名品亦振，河南、山陕人皆用之。南方谓其能消垢腻，去积滞，亦共宝爱。顾彼山中不善制造，就于食铛③大薪炒焙，未及出釜，业已焦枯，讵堪用哉？兼以竹造巨笱④，乘热便贮，虽有绿枝紫笋，辄就萎黄，仅供下食，奚堪品斗。

注释

①六安：指六安州，治所在今安徽省六安市。

②霍山县：因县南有霍山而得名，治所在今安徽省霍山县。

③铛：一种炊具，相当于现在使用的锅。

④笱：本意指捕鱼用的一种竹器，此处指竹编的篓子。

译文

天下的名山中，必定出产灵异的草木。江南地区气候温暖，所以比较适合茶叶的生长。而长江以北的茶区，最好的就是六安了，但六安是郡名，实际产茶区则在霍山县的大蜀山。那里出产的茶叶量很大，著名的品种也能和江南的相比，河南、山西、陕西一带的人都饮用六安茶。南方人称六安茶能消除油腻，去除积污，所以也很喜欢。但大蜀山的人不善于炒制茶叶，只会用做饭的大锅加上大柴火进行烘炒，茶叶还没来得及出锅，就已经变得焦煳干枯了，这样的茶又怎么能饮用呢？再加上用竹制成的大竹篓储存茶叶，茶炒完后还没等它冷却下来，就投放进了竹篓，这样的茶就算是绿枝紫笋，也会很快变得枯黄，只能供一般人饮用，又怎么能经得起品评斗试呢？

六安茶

六安，指安徽省六安市，这里是产茶古区。陆羽在《茶经》中提到，在长江以北的茶区，六安的茶是品质最好的。这里产的六安瓜片，是中华传统历史名茶，简称瓜片、片茶，唐朝的时候称为“庐州六安茶”，明朝的时候改为“六安瓜片”，且一直沿用到现在。六安瓜片在清朝的时候也曾经是朝廷贡茶。

六安瓜片是世界茶叶中唯一的无芽无梗的茶叶，它是由单片生叶制成的。去了芽的六安瓜片不仅可以保持单片形体，而且还没有青草味道。剔除梗后六安瓜片喝起来味浓而不苦，香气重而不涩。

六安瓜片茶

原典

江南之茶，唐人首称阳羡，宋人最重建州，于今贡茶两地独多。阳羡仅有其名，建茶亦非最上，惟有武夷雨前最胜。近日所尚者，为长兴之罗岕，疑即古人顾渚紫笋也。介于山中谓之岕，罗氏隐焉故名罗。然岕故有数处，今惟洞山最佳。姚伯道①云："明月之峡②，厥有佳茗，是名上乘。"要之，采之以时，制之尽法，无不佳者。其韵致清远，滋味甘香，清肺除烦，足称仙品。此自一种也。若在顾渚，亦有佳者，人但以水口茶名之，全与岕别矣。若歙之松萝③、吴之虎丘④、钱塘之龙井，香气浓郁，并可雁行，与岕颉颃⑤。往郭次甫亟称黄山，黄山亦在歙中，然去松萝远甚。往时士人皆贵天池。天池产者，饮之略多，令人胀满。自余始下其品，向多非之，近来赏音者，始信余言矣。浙之产，又曰天台之雁宕、栝苍⑥之大盘、东阳之金华、绍兴之日铸，皆与武夷相为伯仲。然虽有名茶，当晓藏制。制造不精，收藏无法，一行出山，香、味、色俱减。钱塘诸山，产茶甚多。南

注释

① 姚伯道：姚绍宪，字伯道，今浙江湖州人，精通茶理。《茶疏》之序由其撰写。

② 明月之峡：指明月峡，在长兴县的顾渚山上。

③ 歙之松萝：歙，指歙县，治所在今安徽省黄山市。松萝，即松萝茶，因为产自松萝山而得名，是著名的茶品。

④ 吴之虎丘：吴，治所在今江苏省苏州市。虎丘，指虎丘山，这里产的虎丘茶是一种名茶。

⑤ 颉颃：意思是不相上下。

⑥ 栝苍：即栝苍山，位于今浙江省东南部仙居、

山尽佳，北山稍劣。北山勤于用粪，茶虽易茁，气韵反薄。往时颇称睦之鸠坑、四明之朱溪[7]，今皆不得入品。武夷之外，有泉州之清源[8]，倘以好手制之，亦是武夷亚匹。惜多焦枯，令人意尽。楚之产曰宝庆，滇之产曰五华，此皆表表有名，犹在雁茶之上。其他名山所产，当不止此，或余未知，或名未著，故不及论。

缙云等县交界处。

⑦四明之朱溪：四明，指四明山，也称金钟山，位于今浙江省余姚境内。朱溪，即朱溪茶，是一种名茶。

⑧泉州之清源：泉州，治所在今福建省泉州市。清源，即清源茶，因为产自清源山而得名。

译文

江南产的茶中，唐朝人最推崇的是阳羡茶，宋朝人则最看重建州茶，现在的贡茶，这两个地方的最多。但阳羡茶只不过徒有其名，建州茶也不是最好的，最好的茶是武夷山的雨前茶。近来所推崇的，是长兴的罗岕茶，这可能就是古人所说的顾渚紫笋茶。介于两山之间称为岕，再加上有姓罗的人隐居于此，所以称为罗岕。虽然以前产岕茶的地方有好几处，但现在只有洞山所产的才是最好的。姚伯道说：“明月峡中出产好茶，而且名气也很大。”所以，好茶的关键是按时采摘，并且炒制方法得当，这样就没有什么不好的茶了。明月峡中出产的茶闻起来清香悠远，喝起来甘甜清香，能够清肺止渴，去除烦闷，足以称得上是仙品，但这也只不过是茶的一种而已。如果是在顾渚，那里也有好茶，只是人们将其称为水口茶，与岕茶相比，完全不同。歙县出产的松萝茶、吴县出产的虎丘茶、钱塘出产的龙井茶，这些茶都茶香浓郁，完全可以与岕茶相媲美，一点都不差。从前郭次甫说黄山茶品质好，但黄山也在歙州境内，而与松罗茶相比，黄山茶就差太多了。以前的士人都认为天池茶好，但天池茶喝多了，会让人产生腹胀感。所以，在我看来它并不是好茶品，而这一论断也招来很多非议，最近真正懂得品茶的人，开始相信我的这一论断。浙江出产的茶，还有天台出产的雁荡茶、栝苍出产的大盘茶、东阳出产的金华茶、绍兴出产的日铸茶，这些茶的品质都与武夷茶不相上下。然而虽然这些地方出产名茶，但一般的人却不懂得将茶制作得更加精细，收藏方法也不当。而这样的茶一旦运出山去，其香气、味道和颜色都会受损。钱塘很多山都出产茶叶，其中南山的茶都很好，北山的茶则稍微差一些。这是因为北山的人喜欢用粪，这样茶树虽然长得茁壮，但香味和口感却差了很多。过去颇受好评的睦州鸠坑茶、四明朱溪茶，现在都已经算不上好茶了。除了福建武夷茶之外，泉州的清源茶，如果能够由制作好手来炒制，其品质也能和武夷茶相匹敌，可惜很多茶叶都被炒得焦枯，很难让人满意。楚地出产的宝庆茶、云南出产的五华茶，都是非常有名的茶，其品质甚至比雁茶都好。其他名山出产的茶，应当不止这些，也许是我还不知道，也许是还不够出名，所以没有论及。

紫笋茶的古今史

紫笋茶早在唐代便被陆羽称为“茶中第一”，并推荐给宫廷，因此而被定为贡茶。当时，紫笋茶有两个产区：一个是阳羡，即今天的江苏宜兴市；一个是长兴县，即今天的浙江省湖州市长兴县水口乡顾渚山。陆羽最先向朝廷推荐的是阳羡的紫笋茶，后来由于阳羡的贡茶数量太大，才由长兴县的顾渚分造。当时皇室规定，紫笋贡茶分为五等，第一批茶必须要在“清明”之前到达长安，以祭祀宗庙。而这第一批进贡的茶被称为“急程茶”。当时的官员为了能保证按期完成任务，经常要在清明节前十几天就起程赶往长安。后来随着时代的推进，紫笋茶就专属于长兴县顾渚产的茶叶名称了。自唐朝被定为贡茶开始，经过宋、元，至明末，顾渚紫笋茶连续进贡了八百七十六年，其进贡历史无论是从时间还是从规模上都堪称中国贡茶之最。

顾渚紫笋茶

阳羡紫笋茶

如今，顾渚紫笋茶仍是全国名茶，且被列为一类茶。

今古制法

原典

古人制茶，尚龙团凤饼，杂以香药。蔡君谟[①]诸公，皆精于茶理。居恒斗茶，亦仅取上方珍品碾之，未闻新制。若漕司[②]所进第一纲，名北苑试新者，乃雀舌、冰芽所造，一夸之直[③]，至四十万钱，仅供数盂之啜，何其贵也。然冰芽先以水浸，已失真味，又和以名香，益夺其气，不知何以能佳。不若近时制法，旋摘旋焙，香色俱全，尤蕴真味。

注释

①蔡君谟：蔡襄，字君谟，兴化仙游县（今福建省莆田市仙游县）人。北宋时期著名的书法家、政治家和茶学家。

②漕司：指负责管理征收赋税、出纳钱粮、办理上贡以及漕运事宜的官署或官员。北宋的时候称转运使，南宋的时候改称漕司，元代时称漕运司。

③一夸之直：意思是一銙茶的价值。夸，同“銙”，茶的量词。直，指价值。

译文

古人制作茶叶，比较崇尚龙团凤饼这样的茶，而且还会掺杂一些香料。蔡襄等人对制茶方法都有深入的研究。平常斗茶时所用的茶，也是用上等的好茶碾压而成的，没有听说哪个是新制作的。至于漕司进贡的第一批茶纲，被称为“北苑试新”的，都是用雀舌、冰芽等绝品制作而成的，其中一銙茶的价值就能达到四十万钱，而且只能喝几杯，这是多么昂贵的茶啊。但冰芽茶先用水浸泡后，本身就已经丧失了天然味道，再加上里面又加入了一些名贵香料，这样就更使其失去了自身的味道，不知道这样的茶有什么好的。还不如现在的制作方法：一边采摘一边烘烤，这样不但香气和颜色都得以保留，并且蕴含了天然味道。

团茶和龙凤团茶

团茶产生于宋代，它是一种小茶饼，形状类似于现在的月饼。团茶和唐代的制茶工艺一样，也是蒸青而成，其表面则涂饰金银重彩。需要煎煮饮用，在饮用的时候，还要加各种香料，这些做法或多或少地淡化了茶的自然香味。

龙凤团茶属于团茶的一种，茶饼上印有龙、凤花纹。印有龙的称“龙团”，印有凤的称“凤团”。龙凤团茶开始于公元977年至公元1391年，经历了宋、元、明三个朝代。

团　茶

采　摘

原典

清明谷雨，摘茶之候也。清明太早，立夏太迟，谷雨前后，其时适中。若肯再迟一二日期，待其气力完足，香烈尤倍，易于收藏。梅时不蒸，虽稍长大，故是嫩枝柔叶也。杭俗喜于盂中撮点，故贵极细。理烦散郁，未可遽非。吴淞①人极贵吾乡龙井，肯以重价购雨前细者，狃②于故常，未解妙理。岕中之人，非夏前不摘。初试摘者，谓之开园。采自

注释

① 吴淞：明朝在长江下游入海口处设置吴淞江所，治所在今上海市宝山区。

② 狃：拘泥的意思。

译文

清明谷雨的时候，是采茶的最好时节。清明的时候有些早，立夏时又有些晚，而谷雨前后，则刚好合适。如果能够再迟一两天，等到茶叶生长更充分的时候再采摘，其清香之味会更加浓郁，也更便于收藏。梅雨时节如果不蒸，即使茶叶稍微长大，也仍然是嫩枝柔叶。杭州人喜欢在茶盂中撮茶点泡茶叶，所以非常看重茶叶的精细程度。茶是用来消除烦恼和忧愁的，因此不能不仔细。吴淞人非常珍惜我们家乡的龙井茶，他们肯用很高的价格来购买谷雨前采摘的精细的茶，但这只不过是拘泥于以前的习惯，实际上并不了解其中的微妙之处。岕中的人，

正夏，谓之春茶。其地稍寒，故须待夏，此又不当以太迟病之。往日无有于秋日摘茶者，近乃有之。秋七、八月，重摘一番，谓之早春。其品甚佳，不嫌少薄。他山射利，多摘梅茶。梅茶涩苦，只堪作下食，且伤秋摘，佳产戒之。

不到立夏前几天绝不采茶。最先开始试着采摘的，称为“开园”。在正夏的时候采摘的，称为“春茶”。为什么要这样呢？因为这里气候稍微冷一些，所以必须等到立夏才可以采摘，这不能称之为采摘太迟，只是气候原因造成的。以往没有在秋天采摘茶叶的，近来也有了。秋天七八月份的时候再重新采摘一遍，称为“早春茶”。它的等级很高，所以饮用的人也不会不满意其稍微偏淡的口味。有的山里的茶农为了追求利益，会多采摘一些梅雨时节的茶，这样的梅茶，其味道又涩又苦，只能作为下等饮品，除此之外，还会影响到秋茶的采摘，所以好茶一般都忌讳这样做。

春　茶

春茶，一般指由越冬后茶树第一次萌发的芽叶采制而成的茶叶。古时候，由于贡茶求早求珍，因此将春茶分为社前茶、火前茶、雨前茶三种。社前茶，大约在春分时节，此时比清明节早半个月左右，这个时节采制的茶叶更加细嫩和珍贵。唐代的顾渚紫笋茶就属于社前茶。火前茶，也就是明前茶，即清明节前采制的茶，比如明前龙井。清明节前采制的龙井茶品质最好，如果过早采制就太嫩，而过迟采制又太老。雨前茶，即谷雨前采制的茶，也就是每年 4 月 5 日以后至 4 月 20 日左右采制的茶叶。相比于明前茶，雨前茶不够细嫩，但其内含物质比较丰富，饮起来滋味更浓也更耐泡。

明前茶

炒茶

原典

生茶初摘，香气未透，必借火力，以发其香。然性不耐劳，炒不宜久。多取入铛，则手力不匀，久于铛中，过熟而香散矣。甚且枯焦，尚堪烹点？炒茶之器，最嫌新铁。铁腥一入，不复有香。尤忌脂腻，害甚于铁。须豫取一铛，专用炊饮[①]，无得别作他用。炒茶之薪，仅可树枝，不用干叶。干则火力猛炽，叶则易焰易灭。铛必磨莹，旋摘旋炒。一铛之内，仅容四两。先用文火焙软，次加武火[②]催之。手加木指[③]，急急钞转，以半熟为度，微俟香发，是其候矣。急用小扇钞置被笼，纯绵大纸衬底燥培。积多候冷，入瓶收藏。人力若多，数

注释

① 饮：原稿为“饭”，这里是依据《宝颜堂秘笈》印的《丛书集成初编》做了修改。

② 武火：指比较急、比较大的火。

③ 木指：炒茶时，需要用手不时地搅动，为了防止手被烫伤，人们制作了一种木套戴在手上，其被称为木指。

译文

刚摘下来的生茶，其茶香还没有完全散发出来，这时必须借助火力才能使香味散发出来。但茶的性质不耐翻炒，所以炒茶时间不能太长。如果将太多茶叶放到锅里，炒的时候就无法用力均匀，这样会使得茶叶在锅里的时间加长，从而变得过熟，使茶叶失去香味，严重的还会变得枯焦，这样的茶还能拿来烹点饮用吗？炒茶的器具，最忌讳用新铁制的，铁腥味一旦进入，茶叶的香味就没有了。炒茶还非常忌讳油脂油腻，它的危害比铁腥味还严重。所以必须专门准备一口锅用来炒茶，不能用这口锅做其他的。炒茶用的柴火，只能是用树枝，不能用树干和树叶，因为树干烧起来火力太猛，而树叶则容易导致火势忽强忽弱。锅必须打磨光洁，茶叶要边采边炒。一口锅里面，只能放入四两茶叶。炒的时候，先用文火将其烤软，然后再用武火快炒。接着手戴上木指套，快速地翻炒茶叶，以半熟为度，等到茶叶散发出微弱的香气时，就表明已经到了合适的火候。这时立即用小扇收起茶叶铺放到准备好的焙笼中，焙笼的底部要衬上纯棉大纸，用焙笼将茶叶烘焙干燥。当烘焙好的茶叶多了，再等

铛数笼。人力即少，仅一铛二铛，亦须四五竹笼。盖炒速而焙迟，燥湿不可相混，混则大减香力。一叶稍焦，全铛无用。然火虽忌猛，尤嫌铛冷，则枝叶不柔。以意消息，最难最难。

其凉透，一起放到瓶子里面储藏起来。如果炒茶的人多，可以同时用几口锅、几个焙笼。如果人手比较少，只要一两口锅就可以，但竹焙笼需要准备四五个。这是因为炒青的速度快而烘烤的速度慢，烘干的茶叶和没有烘的茶叶是不能混放在一起的，否则会大大减少茶叶的香味。炒茶的时候，一片茶叶都不能焦煳，否则，整锅的茶都不能用了。虽然炒茶比较忌讳火太大，但更忌讳的是炒锅太凉，因为太凉会使茶的枝叶不柔软。要想达到这种理想程度，需要靠感觉去把握，而这也是最难的。

古今炒茶器具

古代炒茶就是用铁锅，但不能是新铁制成的锅。现在则分生锅、二青锅、熟锅，砌成三锅相连的炒茶灶，生锅主要为了杀青，锅温在 180 ~ 200 摄氏度；二青锅主要是为了继续杀青和初步揉条，锅温比生锅的略低；熟锅主要是为了进一步做细茶条，锅温比二青锅更低，为 130 ~ 150 摄氏度。炒茶时要用到扫把，这种扫把用毛竹扎成，长 1 米左右，竹枝一端直径约为 10 厘米。

除了炒茶锅，现在还用炒茶机。机器炒茶虽然比较快捷、方便，但茶形不是很好，并且因为不能控制轻重度会产生断裂或过火，而人工炒制的茶叶则一般比较完整、鲜亮，口感较清纯，所以人工炒茶效果比炒茶机的好。

炒 茶

岕中制法

原典

岕之茶不炒，甑中蒸熟，然后烘焙。缘其摘迟，枝叶微老，炒亦不能使软，徒枯碎[①]耳。亦有一种极细炒岕，乃采之他山，炒培以欺好奇者。彼中甚爱惜茶，决不忍乘嫩摘采，以伤树本。余意他山所产，亦稍迟采之，待其长大，如岕中之法蒸之，似无不可。但未试尝，不敢漫作[②]。

注释

① 枯碎：干枯破碎。

② 漫作：贸然评论、推广。漫，贸然、随便的意思。

译文

岕茶不是炒出来的，而是在甑里面蒸青后，再加以烘烤而成。这是因为岕茶采摘的时间比较晚，枝叶稍微有点老，通过炒制也不能使其变软，只会更加干枯破碎。还有一种特别细小的炒岕，是从其他山上采摘的，然后通过炒青、烘烤制成，这种茶是用来欺骗那些好奇的人的。其实岕中的人非常爱惜茶树，绝不忍心趁着茶叶还嫩的时候就去采摘，这样会伤害到茶树的根本。我感觉其他山里出产的茶，稍晚一些再采摘，等到茶芽长大，然后按照岕中的方法进行蒸青，应该也没有什么不可以的。只是没有尝试过，也不敢随意推广。

失传的岕茶

岕茶始于明朝初期，是明清时的贡茶，是茶中极品，也被称为“中国第一历史名茶”，其中最好的当属今江苏宜兴产的岕茶。因为宜兴的岕茶主要生长在宜兴南部山区，这里土壤条件极好，而且到处都有名泉，比如太湖水、金沙泉，再加上有修林茂竹，所以出产的茶品质极好。这里产的茶在唐宋时称为阳羡茶，因为宜兴在古时的名称为阳羡，而到了明清时则称为岕之茶。另外，浙江长兴罗岕山产的岕茶也是上品。

如此好的茶，为什么在清朝雍正年间却失传了？因为岕茶的制作工艺太复杂了。现在制茶，从杀青到干燥，前后两个小时就可以做出成品，焙茶也就用一二十分钟即可。而岕茶的主要制作工艺就是焙茶，光是这一项就要花费将近三十个小时，再加上其他程序，可想而知整个工序下来需要多长时间。所以，现代人很难再品尝到这种极品岕茶了。

收 藏

原典

收藏宜用磁瓮，大容一二十斤，四围厚箬[1]，中则贮茶。须极燥极新，专供此事，久乃愈佳，不必岁易。茶须筑实，仍用厚箬填紧，瓮口再加以箬，以真皮纸包之，以苎麻[2]紧扎，压以大新砖，勿令微风得入，可以接新。

注释

① 箬：一种竹子，也叫箬竹，叶子比较宽大，可以用来包裹粽子和茶叶。

② 苎麻：一种多年生宿根性草本植物，属于中国特产。其纤维细长且具有很强的韧性，可以纺成麻布。

译文

储藏茶叶应该用瓷瓮，大的瓷瓮能容纳一二十斤茶叶。储存时将瓷瓮的四周垫上厚厚的箬叶，中间放上茶叶。箬叶应是新的，且比较干燥，专门用来贮藏茶叶用，而且时间越久越好，不用每年都更换。瓷瓮里放入茶叶后一定要压实，然后用厚厚的箬叶将瓮口填实，再盖上箬叶，并用真皮纸将瓮口包裹起来，再用麻绳扎紧，最后在上面压上大块的新砖，以防止空气进入，这样可以储存到下一年新茶产出时。

茶叶的储藏器具

瓷罐包装

古时候，茶叶储藏要先用竹叶包裹，再放到瓷制器具里面，因为瓷制容器可以隔潮、隔阳光。而现在我们可选择的容器比较多，有紫砂罐、瓦罐、瓷罐、金属罐和塑料罐等，各有优缺点：紫砂罐透气性好，但价格比较高；金属罐密封性好，但隔热差；瓦罐透气性好，价格便宜，但容易碎，而且不要选择内壁上釉的，因为这样不利于透气；瓷罐密封性好，但价格偏高；塑料罐价格便宜，密封性好，但容易产生异味。此外，还有用塑料袋保存的，但塑料袋不透气，所以不适合长期保存茶叶。

柴烧罐包装

茶叶的纸质包装

紫砂罐

置顿[1]

原典

茶恶湿而喜燥，畏寒而喜温，忌蒸郁而喜清凉。置顿之所，须在时时坐卧之处。逼近人气，则常温不寒。必在板房，不宜土室，板房则燥，土室则蒸。又要透风，勿置幽隐。幽隐之处，尤易蒸湿，兼恐有失点检。其阁庋[2]之方，宜砖底数层，四围砖砌，形若火炉，愈大愈善，勿近土墙。顿瓮其上，随时取灶下火灰，候冷，簇于瓮傍半尺以外，仍随时取灰火簇之，令里灰常燥，一以避风，一以避湿。却忌火气入瓮，则能黄茶。世人多用竹器贮茶，虽复多用箬护，然箬性峭劲，不甚伏帖，最难紧实，能无渗罅？风湿易侵，多故无益也。且不堪地炉中顿，万万不可。人有以竹器盛茶，置被笼中，用火即黄，除火即润。忌之！忌之！

注释

① 置顿：存放的场所，指放置茶叶的地方。

② 阁庋：贮藏茶叶的地方。阁，地方、场所。庋，置放、收藏。

译文

茶叶不喜潮湿而喜干燥，畏寒而喜暖，忌讳蒸闷而喜欢清凉。所以茶叶应放置在我们经常坐卧的地方，这样比较贴近人的气息，可以经常保持温暖而不寒冷。茶叶要储藏在木板房里，而不适合放在泥土房里，因为木板房比较干燥，而泥土房比较闷热潮湿。储藏茶叶的地方还应通风透气，不能将其放到昏暗隐蔽的地方。因为昏暗隐蔽的地方比较闷热，容易受潮，而且也容易在点检茶叶的时候将其忘记。放置茶瓮的时候，要在其下面垫上几层砖，四周用砖砌上，形状就像火炉一样，越大越好，但不要贴近土墙。把茶瓮放在上面，随时取出炉灶下的火灰，等灰冷了之后再堆聚到离瓮半尺以外的地方，这时仍然要随时取火灰堆聚，以保证堆在里面的火灰随时是干燥的，这样做的目的一是可以避风，二是可以防潮。但是千万不要让火气进到瓮里，一旦进入，会使茶叶变黄。一般人储存茶叶都是用竹器，但这种储存方式即使用再多的箬叶加以保护，由于箬叶的性质是坚挺的，很难使其伏贴，所以也就无法压得非常紧实，必定会留有缝隙，这样就会造成风和湿气的侵入，铺再多再厚的箬叶也没用。而且竹器不能放到地炉中，所以万万不可用竹器储存茶叶。有的人用竹器来装茶叶，再将其放到笼中，用火烤使其变黄，但去了火之后，茶叶又变潮，这是非常忌讳的。

茶叶的储存环境

茶叶的保存受到许多因素的影响，比如阳光、温度、水分、空气等，所以从古至今，对于茶叶的储存环境都有很高的要求：防潮、避光、隔热、无污染。所以，古代存放茶叶的仓库往往建在地势高而干燥的地方，排水方便，通风散热条件好；要密闭遮光，仓库内的温度不能太高。此外，不能与有异味的物品存放在一起。

茶叶储存

取用

原典

茶之所忌，上条备矣。然则阴雨之日，岂宜擅开？如欲取用，必候天气晴明，融和高朗，然后开缶，庶无风侵。先用热水濯手，麻帨①拭燥。缶口内箬，别置燥处。另取小罂②贮所取茶，量日几何，以十日为限。去茶盈寸，则以寸箬补之，仍须碎剪。茶日渐少，箬日渐多，此其节也。焙燥筑实，包扎如前。

注释

①麻帨：麻做的巾帕。

②罂：指口比较小、腹部比较粗大的瓶。

译文

对于储存茶叶忌讳的事项，在上面已经说得很全面了。那么在阴雨的天气里，是否可以随意打开茶瓮呢？答案是不可以。如果想取茶，必须等到天气晴朗的时候再打开茶瓮，这样才不会使潮气侵入茶叶里。取茶的时候，应当先用热水把手洗干净，再用麻布拭干瓮口，然后将瓮口内的箬叶拿出来放到一个干燥的地方。接着将取出的茶叶放到另外准备的小瓶子里，取茶时要估量每天使用的茶叶的量是多少，以十天为限度，最多取出十天的茶。如果从瓮内取出了一寸厚度的茶叶，那么就需要补充进一寸高的箬叶，铺的时候仍然要将箬叶剪碎。茶叶一天天取出，变得越来越少，而箬叶则会一天天增加，变得越来越多，这就是取茶的准则。当瓮内的茶叶都取完后，要用烘干的箬叶将瓮内整个空间压实，就像取用茶叶之前一样包扎好。

茶叶的取用禁忌

茶叶储存到茶瓮后，不可以在阴雨天随意取用，古今都是如此要求。在茶叶的库房外面，如果是处于高湿、高温的情况下，这时不得到仓库内取茶叶，库房的门窗都要封闭严实，这样做是为了保持仓库的阴凉、干燥的环境。当然，这主要是指茶叶大量保存的情况下，如果是在家里小茶叶罐里存放则没有这么严格的要求，但在取出茶叶后也要注意茶叶罐盖子的密封情况，防止潮气进入。

储存茶叶的罐子

包 裹

原典

茶性畏纸，纸于水中成，受水气多也。纸裹一夕，随纸作气尽矣。虽火中焙出，少顷即润。雁宕诸山，首坐此病[①]。每以纸帖寄远，安得复佳[②]？

注释

① 首坐此病：坐，存在。病，毛病、弊端。

② 安得复佳：怎么能保存好茶叶而不使其变质呢？

译文

茶叶不可以用纸包裹，因为纸是在水中制成的，其容纳的水汽比较多。如果茶叶用纸包裹一晚上，它会因纸的水汽而受潮。即便是刚从火中烘烤出来的茶叶，受到纸的包裹后，没多长时间也会受潮。雁宕山一带所产的茶，最容易犯的就是这种问题。这里的人经常用纸包装茶叶寄送到远方，这样又怎么会保存好茶叶而不使其变质呢？

茶叶的包装史

对于茶叶的包装，古人就已经很重视了。在唐代，主要是用纸包装茶叶，这种茶叶为饼茶，而散的茶末则用竹合或陶瓷罐存放。宋代时，主要采用箬叶包装茶饼，也有用布、纱或纸等材料做成的纱囊包装或纸囊包装的。明清时期，开始流行散茶，其包装也有了改变，主要为各种以紫砂、瓷为材质的茶叶瓶、茶叶罐。到了现代，随着科学技术的飞速发展，茶叶的包装开始向着精美实用、新颖别致、一式多样的方向发展。对于常用的小袋茶叶的包装，除了纸盒、纸罐、金属罐、竹盒等外包装，还有内包装，其使用的材料为复合薄膜，俗称为铝箔复合膜。这样做，既可以很好地保存茶叶，还可以通过外包装起到宣传促销的商业作用。

此外，还有一种袋泡茶，这是一种用薄滤纸为材料的袋包装，饮用的时候，将纸袋一起放入茶具内。这样的包装可以提高茶叶的浸出率。

茶庄里的茶叶包装

日用顿置

原典

日用所需，贮小罂中，箬包苎扎，亦勿见风。宜即置之案头，勿顿巾箱书簏[①]，尤忌与食器同处。并香药则染香药，并海味则染海味，其他以类而推。不过一夕，黄矣变矣[②]。

注释

① 巾箱书簏：巾箱，古代的时候放头巾的小箱子，也可以存放书籍、文具等物品。书簏，指藏书用的竹箱子。

② 黄矣变矣：变黄变味。

译文

我们每天所需用的茶叶，应当储藏在一个小罐里面，然后用箬叶包裹好小罐，并用麻绳将其捆扎密实，使其无法遇到风。茶叶应当放置在案头，不要放在放置头巾的箱子里或放书的竹箱子里，尤其是不能与饮食器具放在一起。茶和香料或中药放到一起就会沾染上香料或中药的味道，与海味放在一起就会沾染上海味的气味，其他东西依此类推。如果茶叶存放不当，不过一晚，就会变黄变味。

箬叶的功用

箬叶在古时经常用于存放茶叶，那么什么是箬叶？箬叶是箬竹的叶子，箬竹为禾本科、箬竹属植物，主要分布于长江以南各省区。它的叶子现在主要用来包粽子，还可用来加工制造箬竹酒、饲料、造纸及提取多糖等，但包装茶叶的功用已不存在。

箬 竹

择 水

原典

精茗蕴香，借水而发，无水不可与论茶也。古人品水，以金山中泠[①]为第一泉，第二或曰庐山康王谷[②]第一。庐山余未之到，金山顶上井，亦恐非中泠古泉。陵谷变迁，已当湮没。不然，何其漓薄不堪酌也？今时品水，必首惠泉[③]，甘鲜膏腴，致足贵也。往日渡黄河，始忧其浊，舟人以法澄过，饮而甘之，尤宜煮茶，不下惠泉。黄河之水，来自天上，浊者土色也。澄之既净，香味自发。余尝言有名山则有佳茶，兹又言有名山必有佳泉。相提而论，恐非臆说。余所经行，吾两浙、两都[④]、齐、鲁、楚、粤、豫章[⑤]、滇、黔，皆尝稍涉其山川，味其水泉。发源长远，而潭址澄澈者，水必甘美。即江河溪涧之水，遇澄潭大泽，味咸甘冽。唯波涛湍急，瀑布飞泉，或舟楫多处，则苦浊不堪。盖云伤劳，岂其恒性？凡春夏水长则减，秋冬水落则美。

注释

① 金山中泠：金山，指金山寺，位于今江苏省镇江金山上，寺里边有一中泠泉，其泉水品质极佳。

② 庐山康王谷：庐山，位于江西省北部鄱阳湖盆地。康王谷，位于今江西省星子县北部。

③ 惠泉：即惠山泉，也称陆子泉，位于今江苏省无锡市西郊惠山山麓锡惠公园内。

④ 两都：指北京和南京。

⑤ 豫章：地名，治所在今江西省南昌市。

译文

好茶叶的茶香味，只有借助于水才能够完全散发出来，没有水就无法品茶赏茶。古人在品评煮茶水的品质时，认为金山寺的中泠泉是天下第一泉，其水的品质最好，而第二种说法则认为庐山康王谷的水是第一。我没有到过庐山，但如今金山顶上的水井，可能也不再是古人提到的中泠泉了。随着山谷的变迁，中泠泉可能早已被湮没而消失了。否则，为什么这里的水煮出的茶水如此淡而无味，不值得拿来饮用呢？如今的人品评水质，肯定都将惠泉水推为第一，惠泉水喝起来甘甜味美，是很宝贵的水。以前的人在渡黄河时，总是会担心河水太浑浊无法饮用，船夫就用一种方法将其澄清，结果饮用的时候十分甘甜，特别适宜煮茶，而且一点儿不比惠泉水差。黄河之水，就像从天上掉下来的，其之所以浑浊，是因为沾上了土的颜色，将其澄清后就变得干净了，香味也自然会发出。我曾经说过，有名山的地方就会出产好茶，现在又说，有名山的地方就会有好的泉水。之所以将这两者相提并论，我并非是凭空乱说的。我所游历过的地方，包括两浙、北京、南京、齐、鲁、楚、粤、豫章、滇、黔等地，也大致游历了当地的山川，品尝了当地的山泉水。发现那些源远流长并且水质清澈的清潭水都很甜美，即使是江河湖泊、溪流山涧的水，与清潭大泽会合后，味道都会变得甘甜清冽。只有那些波涛汹涌、水流湍急的河流，以及飞流直下的瀑布和泉水，或者是船舶来往较多的河流，这些地方的水喝起来才是苦涩的，且泡出来的茶浑浊不堪，这可能就是我们所说的水质因劳作过多而受到了影响，这难道是水的本质品性吗？一般情况下，春夏季节水位上涨时水的味道就会稍微有所减弱，而秋冬季节水位下降时水味又会变得甘甜。

陆羽品评天下水

苏州大明寺

据唐朝诗人张又新在《煎茶水记》中记述，茶圣陆羽曾品评天下的水质，认为其优劣顺序为：庐山康王谷水帘水第一；无锡县惠山寺石泉水第二；蕲州兰溪石下水第三；峡州扇子山下有石突然，泄水独清冷，状如龟形，俗云蛤蟆口水第四；苏州虎丘寺石泉水第五；庐山招贤寺下方桥潭水第六；扬子江南零水第七；洪州西山西东瀑布水第八；唐州柏岩县淮水源第九（淮水亦佳）；庐州龙池山岭水第十；丹阳县观音寺水第十一；扬州大明寺水第十二；汉江金州上游中零水第十三；归州玉虚洞下香溪水第十四；商州武关西洛水第十五；吴松江水第十六；天台山西南峰千丈瀑布水第十七；郴州圆泉水第十八；桐庐严陵滩水第十九；雪水第二十。对于这些泉水，大部分都还存在，但人们已经不会再将其泡茶水用，而是作为景点观赏。

惠　泉

贮　水

原典

甘泉旋汲用之斯良，丙舍[①]在城，夫岂易得？理宜多汲，贮大瓮中。但忌新器，为其火气未退，易于败水，亦易生虫。久用则善，最嫌他用。水性忌木，松杉为甚。木桶贮水，其害滋甚，挈瓶[②]为佳耳。贮水瓮口，厚箬泥固，用时旋开。泉水不易，以梅雨水代之。

注释

①丙舍：泛指正室旁的别室，这里代指房屋。

②挈瓶：汲水用的小瓶。

译文

用刚取来的甘甜泉水煮茶，肯定是最好的，但住在城里的人，怎么可能轻易得到甘甜的泉水呢？所以当遇到的时候，应该多打一些，贮存到大瓮里。但贮存泉水的器具不要用新的，因为新器具还留有火气，这样容易毁坏水质，同时也容易使水生虫。贮存泉水的器具最好的是使用时间比较长的瓮，但这种瓮不能是装过其他东西的。水的本性是忌讳木头的，特别是松木、杉木。所以用木桶贮存水的害处比较大，而用挈瓶就比较好。在贮水瓮的口上，用厚厚的箬叶将其包裹严实后，再用泥封塑好，当想用水的时候再将其打开。如果泉水很难得到，也可以用梅雨时节的雨水代替。

泡茶水有讲究

古人认为山泉水煮茶味道最好，但因为交通不便，有些嗜茶的人遇到山泉水，便会多打一些存放起来。如今人们泡茶，讲究一点的用桶装的矿泉水，而一般人则是用自来水。但现在城市的自来水，很多都用漂白粉消毒过，有较重的氯味，所以不能直接用来泡茶，应先去除氯味。当然，也有个别人跑到山里去打泉水，放在饮水机用的水桶里面，但饮用这种泉水时，要考虑到水质是否受到污染，存放泉水的容器是否消毒，而且可能还会有大量大气中的微生物融到水中，因此不要饮用生的泉水，一定要烧开，且不能长时间存放。

山 泉

舀 水

原典

舀水必用磁瓯。轻轻出瓮，缓倾铫①中。勿令淋漓瓮内，致败②水味，切须记之。

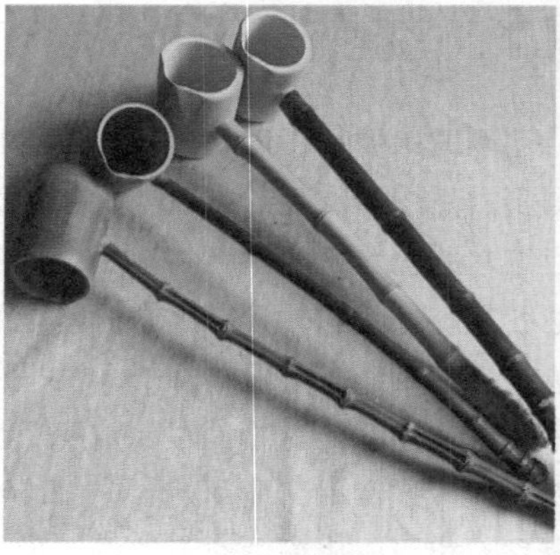

水 舀

注释

①铫：一种有柄有嘴的烹煮器。

②败：破坏。

译文

舀水一定要用瓷瓯，轻轻地将水从瓮中舀出，再慢慢地倾倒在铫的里面。舀水时，不要让水滴到瓮里面，因为这样容易破坏瓮里面水的味道，这点很重要，一定要记住。

煮水器

原典

金乃水母，锡备柔刚，味不咸涩，作铫最良。铫中必穿其心[①]，令透火气。沸速则鲜嫩风逸，沸迟则老熟昏钝，兼有汤气[②]，慎之慎之。茶滋于水，水藉乎器，汤成于火。四者相须，缺一则废。

注释

① 心：指铫中间部位的孔。

② 汤气：热水汽。

译文

金可以养水，锡则是刚柔兼有，而且两者的味道都是不咸不涩，所以将二者拿来制作铫是最好的材料。制作铫时，其中间部位应当留有孔，这样就可以使其透过火的热力。能快速沸腾的水喝起来新鲜清爽，烧开比较慢的水则老而不清，并且还带有一股热水汽，对于这些，在泡茶时一定要注意。茶泡在水中，水在器皿中存放，水用火烧开成热水，这四种东西相互依存，缺少任何一样都无法泡成茶。

铫

铫和茶壶

铫，是一种带柄有嘴用来煮开水熬东西用的器具，古代常用来煮茶用。现在泡茶用的一般都是茶壶，有瓷壶、朱泥壶、紫砂壶等。平常人都是用瓷壶，喜欢品茶的人则会用紫砂壶，其泡出来的茶水更清香。

紫砂壶

朱泥壶

瓷 壶

火 候

原典

火必以坚木炭[①]为上。然木性未尽，尚有余烟，烟气入汤，汤必无用。故先烧令红，去其烟焰，兼取性力猛炽[②]，水乃易沸。既红之后，乃授水器，仍急扇之，愈速愈妙，毋令停手。停过之汤，宁弃而再烹。

注释

① 坚木炭：硬木炭。

② 猛炽：大火、炽热的火力。

译文

煮水用的火，一定要用硬木炭烧，这种是最好的。但如果木炭没烧完的时候，会有一股余烟进入热水中，那么整锅的热水就都不能用了。所以烧水的时候，要先将木炭烧红，等到其烟焰部分都燃烧完后，同时还保有炽热的火力时，再用来煮水，这样就很容易使水沸腾。当木炭烧红后，放到煮水器具下面时，还要用扇子快速地扇风，而且扇得越快越好，不要停下来。不然，只有将水倒掉重新煮了。

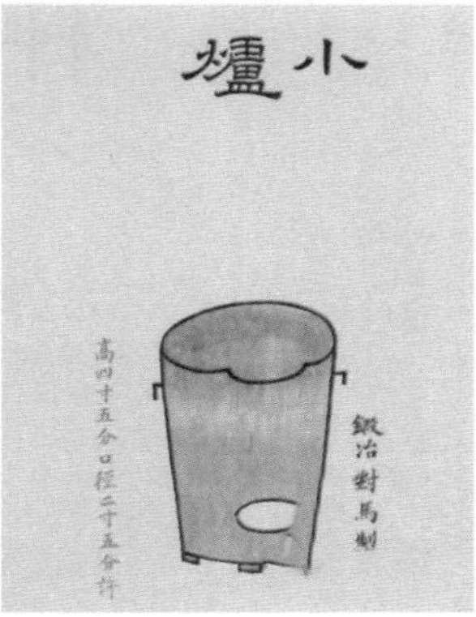

《卖茶翁茶器图》中的茶器

烹　点

原典

未曾汲水，先备茶具。必洁必燥，开口以待。盖或仰放，或置磁盂，勿竟覆之案上。漆气食气，皆能败茶。先握茶手中，俟汤既入壶，随手投茶汤，以盖覆定。三呼吸时，次满倾盂内，重投壶内，用以动荡香韵，兼色不沉滞。更三呼吸顷，以定其浮薄①，然后泻以供客，则乳嫩清滑，馥郁鼻端。病可令起，疲可令爽；吟坛发其逸思，谈席涤其玄襟②。

注释

① 浮薄：漂浮的小茶叶。

② 玄襟：玄思、思想。

译文

水没有打来前，应先准备好茶具。茶具必须是洁净干燥的，敞开口放到一边待用。茶具盖可以翻过来放，也可以放到瓷盂上，但不能覆盖在桌面上，因为桌面上的漆味和食物味，都会破坏茶的味道。泡茶时，先取适量的茶放在手中，当将开水浇注到茶壶中后，再随手将茶叶投放到开水中，并用盖子盖好。盖住茶水大约呼吸三次的时间，然后将茶汤都倒入一个茶盂里面，接着再将茶汤重新倒回茶壶里，同时晃动壶里的茶汤，以使茶香、茶色不会沉滞。这样再等约呼吸三次的时间，使漂浮在茶水上面的细小茶叶沉淀下来后，再倒出来用以招待客人，此时的茶汤饮起来感觉鲜嫩润滑、香气扑鼻。病倒的时候，饮茶可以让人起身；疲倦的时候，饮茶会让人倍感清爽。吟诗诵句的骚人墨客，饮茶可以激发他们的灵感，清谈的雅士饮茶则可以荡涤其玄思。

秤 量

原典

茶注宜小，不宜甚大。小则香气氤氲[①]，大则易于散漫[②]。大约及半升，是为适可，独自斟酌，愈小愈佳。容水半升者，量茶五分，其余以是增减。

注释

① 氤氲：烟云弥漫的样子，这里指茶香弥漫。

② 散漫：散发、挥发。

译文

饮茶用的茶壶应当小一些，不适合用很大的。小的茶壶可以使茶香凝聚到一起，而过于大的茶壶则很容易使香气散发。茶壶的容水量半升左右是比较合适的，如果独自一个人饮茶，那么越小越好。容水量半升左右的茶壶，放入的茶叶量取五分就可以，其他都按这个比例增减。

茶壶的选择

瓷 壶

饮茶时对茶壶的选择也是有讲究的，古人讲究宜小不宜大，今天在品功夫茶的时候，也有同样的要求，且宜浅不宜深。因为如果茶壶大了，就谈不上“功夫”二字了。而宜浅不宜深，则和茶的气味有直接关系，茶壶浅了才能酿味，能留香，不用总是向里面续水，这样才能保证茶叶不变涩，泡出来的茶味道才会更好。

紫砂壶

汤　候

原典

水一入铫，便须急煮。候有松声[①]，即去盖，以消息[②]其老嫩。蟹眼之后，水有微涛，是为当时。大涛鼎沸，旋至无声，是为过时。过则汤老而香散，决不堪用。

注释

① 松声：松涛一样的声音。

② 消息：观察、察看。

译文

将水舀进铫里面后，应立刻进行烹煮。当水煮到发出像松涛一样的声音后，立刻拿掉盖子，以观察水的老嫩程度。当发现水开始沸腾，并在水面上出现蟹眼的形状且有微小的波纹时，表明水已经煮到了泡茶的最佳时刻。如果水烧开得波涛翻滚，但之后又没有了声响，这表明煮水的火候过头了。煮过头的开水既老，又没有了香气，所以这样的水是绝对不能用来泡茶的。

水　舀

瓯　注

原典

茶瓯古取建窑兔毛花[①]者，亦斗碾茶用之宜耳。其在今日，纯白为佳，兼贵于小。定窑[②]最贵，不易得矣，宣、成、嘉靖[③]，俱有名窑。近日仿造，间亦可用。次用真正回青[④]，必拣圆整，勿用呰窳[⑤]。茶注以不受他气者为良，故首银次锡。上品真锡，力大不减，慎勿杂以黑铅，虽可清水，却能夺味。其次，内外有油磁壶亦可，必如柴[⑥]、汝[⑦]、宣、成之类，然后为佳。然滚水骤浇，旧瓷易裂，可

注释

① 建窑兔毛花：建窑，宋代著名窑场，遗址位于今福建省建阳市水吉镇。兔毛花，兔毫盏，由建窑烧制而成。

② 定窑：北宋著名的窑场，窑址在今河北省定州市，以烧制白釉瓷器而著称。

③ 宣、成、嘉靖：宣，指宣德窑，明代官窑，主要烧制青花瓷器。成，指成化窑，明代官窑，

惜也。近日饶州[8]所造，极不堪用。往时龚春[9]茶壶，近日时彬[10]所制，大为时人宝惜。盖皆以粗砂制之，正取砂无土气耳。随手造作，颇极精工，顾烧时必须火力极足，方可出窑。然火候少过，壶又多碎坏者，以是益加贵重。火力不到者，如以生砂注水，土气满鼻，不中用也，较之锡器，尚减三分。砂性微渗，又不用油，香不窜发，易冷易馊，仅堪供玩耳。其余细砂，及造自他匠手者，质恶制劣，尤有土气，绝能败味，勿用勿用。

其烧制的五彩瓷器很有名。嘉靖，指嘉靖窑，明代官窑，因明嘉靖皇帝时期所建而称嘉靖窑，以烧制花纹繁缛的瓷器而著称。三个窑的窑址都在今江西景德镇。

④ 回青：产于云南的一种名贵颜料，可以用来烧制瓷器。

⑤ 呰窳：本意指苟且懒惰，贫弱。这里指品质粗劣。

⑥ 柴：指柴窑，窑址在今河南郑州，以烧制天青色青瓷而著称。五代后周柴世宗时期所建。

⑦ 汝：汝窑，北宋名窑，窑址在今河南临汝，以烧制青瓷著称。

⑧ 饶州：指饶窑，即景德镇窑。

⑨ 龚春：明代著名的制陶专家，其制作的陶茶壶极负盛名。

⑩ 时彬：即时大彬，号少山，明代制陶名家，与当时的另外两位名家李大(仲芳)、徐大(友泉)，并称“壶家三大”。其制作的陶器比较古朴典雅。

译文

古时候，人们选用的茶瓯一般都是建窑产的兔毫盏，这种茶具在绀黑的瓷色中还夹有白色的纤纹，人们也将其用于斗茶、碾茶。但现在的茶瓯一般都选用纯白的，而且越小越珍贵。其中定窑产的最珍贵，但极难得到，宣德、成化、嘉靖时期，也都有著名的瓷窑。现在仿造的，偶尔也可以使用。再一个，如果选用真正的回青釉茶瓯，一定要挑选看起来比较圆整的，不要使用制作粗劣的。选用茶注时，不易沾染其他气味的是比较好的，所以首选为银制的，其次为锡制的。但上好的真锡制的茶注，其泡茶效果并不比银制的差，但注意使用的时候不能掺进黑铅。掺进了黑铅的锡茶注虽然可以使水更清，但会破坏茶味。另外，内外两面釉质光滑的瓷壶也可以选用，但一定要像柴窑瓷、汝窑瓷、宣德瓷、成化瓷之类的，才能泡出好茶。然而如果将滚烫的开水突然灌入茶注中，那么上面所说的旧瓷器很容易被炸裂，这样就有些可惜了。近来由饶州窑烧制的瓷器很不耐用。而以前龚春制作的茶壶，现在时彬制作的茶具，都非常受现代人的欢迎，这可能是因为这两种茶具都是用没有泥土气味的粗砂制作而成的。虽

然这些茶具都是随手制作出来，但外观却相当精美，只不过烧制的时候火力要足够，如此才能出窑。有时候火候只是稍微过头，就会烧坏烧碎很多茶壶，所以这更增加了其珍贵程度。而因火力不到烧出的茶壶，在使用的时候就如同茶壶是在生砂中灌注水而制成的，闻起来都是泥土味，非常不适于泡茶用，即便和锡茶相比，也差了三分。砂本就是易于渗透的，而且又不上釉，所以这样的茶壶泡出来的茶，其香气不易散发，茶也容易变凉变质，只适于供人拿来把玩。因此，用细砂烧制出来的茶壶以及出自于其他工匠之手的茶具，其不但质地差，做工粗劣，而且还有一股泥土味，对于茶的味道是有破坏作用的，千万不要选用。

建 窑

建窑极品曜变

建窑的遗址在今天的福建省建阳市水吉镇，其烧制开始于晚唐五代时期，经历了宋、元、明、清四个朝代，烧瓷历史达到上千年，对福建以及江南一带的烧瓷风格产生了很大影响。建窑主要烧制盏、碗、盘、碟，也兼烧盒、罐、壶、灯、炉、钵、梅瓶、冥器等，其烧制的黑釉瓷在宋代极为有名，比如兔毫斑、鹧鸪斑、曜变等釉色的名品就出产于建窑。目前在日本收藏有建窑出产的“曜变”天目盏，属于世界级的宝物。

荡 涤

原典

汤铫、瓯、注，最宜燥洁。每日晨兴，必以沸汤荡涤①，用极熟黄麻巾帨向内拭干，以竹编架覆而庋之燥处，烹时随意取用。修事既毕，汤铫拭去余沥，仍覆原处。每注茶甫尽，随以竹箸尽去残叶，以需次用。瓯中残沉，必倾去之，以俟再斟。如或存之，夺香败味。人必一杯，毋劳传递②，再巡之后，清水涤之为佳。

注释

① 荡涤：冲洗茶具。

② 毋劳传递：古人饮茶，习惯于用茶碗传递着喝。

译文

水铫、茶瓯、茶注，最应该保持干燥清洁。每天早晨起来，一定要先用沸水将茶具冲洗干净，再用极熟的黄麻手帕自外向内拭干，之后扣在竹编架子上，再放置到干燥的地方，泡茶时随时可以取来使用。饮茶结束后，拭干水铫上留下的水滴，仍扣放回原处。每喝完一壶茶，就应立即用竹筷子将残留的茶叶去除掉，以备下次使用。茶瓯中喝剩的茶汤必须倒掉，以方便再次倒茶。如果将喝剩的茶汤保留着，会破坏茶香，败坏茶味。饮茶的时候，要每人一杯茶，这样就不必传递着饮茶了。一壶茶汤，斟茶两轮之后，最好用清水洗净茶具。

茶具清洗

古人在喝茶前或喝完茶都会清洗茶具，使茶具时刻保持干燥洁净，今天爱喝茶的人更应注意养成勤洗茶具的习惯。饮完茶后，要将茶叶倒掉，以使茶具保持明亮光泽。茶具长时间浸泡茶叶，会染上茶色，清水无法洗掉，可以在茶具上面挤少量牙膏，然后用手将牙膏均匀地涂抹开，过一分钟再用水冲洗，茶垢就会被洗掉。如果茶垢沉淀已久，可以用牙膏反复擦洗，或用米醋加小苏打浸泡，放一晚上，第二天反复冲洗即可。

茶　具

茶　艺

饮 啜

原典

一壶之茶，只堪再巡。初巡鲜美，再则甘醇，三巡意欲尽矣。余尝与冯开之①戏论茶候，以初巡为婷婷袅袅十三余，再巡为碧玉破瓜②年，三巡以来，绿叶成阴矣。开之大以为然。所以茶注欲小，小则再巡已终，宁使余芬剩馥尚留叶中，犹堪饭后供啜嗽之用，未遂弃之可也。若巨器屡巡，满中泻饮，待停少温，或求浓苦，何异农匠作劳，但需涓滴？何论品尝，何知风味乎？

注释

①冯开之：冯梦桢，字开之，今浙江嘉兴人，著有《快雪堂集》。

②破瓜：“瓜”字可分割成两个“八”字，二八为十六岁，因此古人将女子十六岁称为破瓜之年。

译文

一壶茶汤，只够斟两轮的。第一轮时，茶的味道非常鲜美，第二轮时，茶的味道比较甘甜醇厚，而到了第三轮时，人们就会因为茶味变淡而不愿意饮了。我曾经与冯开之开玩笑地讨论茶色茶味的变化：第一轮茶，可视为亭亭玉立的十三四岁的少女，第二轮茶可看作“碧玉破瓜”的十六岁的女子，到了第三轮以后，就是儿女成行的妇人了。冯开之听了非常赞同我的想法。所以茶注一定要小，因为小的茶注经过两轮之后，茶汤基本已经倒完，这时不要倒掉剩余的茶，因为它不但可以使剩余的茶香味留在茶叶中，还可以用来饭后漱口。如果是大的茶壶，在喝上几轮茶后，再倒满茶，有的人会大口喝下，有的人则感觉茶汤太烫，于是放下来等其稍凉些再喝，有的人因为喜欢喝浓茶苦茶而感觉茶汤有些太淡，如果这样喝茶，那么与农夫、工匠在劳动疲倦时喝水解渴又有什么不同呢？又怎么谈得上是品茶，又如何懂得茶的风味呢？

论 客

原典

宾朋杂沓，只堪交错觥筹①；乍会泛交，仅须常品酬酢。惟素心同调，彼此畅适，清言雄辩，脱略形骸，始可呼童篝火，酌水点汤。量客多少，为役之烦简。三人以下，只热一炉；如五六人，便当两鼎炉。用一童，汤方调适，若还兼作，恐有参差②。客若众多，姑且罢火，不妨中茶投果，出自内局。

注释

①交错觥筹：即觥筹交错，形容人聚会喝酒时的热闹场景。觥，古代的一种酒器。筹，行酒令的筹码。出自于宋代欧阳修的《醉翁亭记》：“射者中，弈者胜，觥筹交错，起坐而喧哗者，众宾欢也。”

②参差：差错。

茶 炉

译文

对于纷杂的宾客，只能用饮酒行令来款待；对于泛泛之交的朋友，只需用普通的酒饭来应酬。只有与自己同心同德、情意相投、清谈雄辩、不拘小节的朋友，才值得吩咐童仆点燃炉火，煮水泡茶来招待。招待客人的时候，要根据客人的数量决定茶炉的多少：如果是三个人以下，只需要点燃一个茶炉即可；如果是五六个人，就要用两个大茶炉。烧茶的时候，需要有一个童仆专门照看茶炉，这样茶汤才能够调适恰当，如果照看茶炉的童仆同时还兼做其他的事，那么冲泡茶汤时可能就会出现差错。如果客人众多，不妨先停火，暂停茶事活动，先从内席上取些果品来招待客人。

茶 炉

茶炉是烹茶用的小炉灶，古人烧茶炉都是用木炭，如今人们普遍用专门烧茶水的电磁炉。电磁茶炉的炉面是耐热陶瓷板，交变电流通过陶瓷板下方的线圈产生磁场，磁场内的磁力线穿过不锈钢壶或瓷壶底部时，产生涡流，令壶底迅速发热，从而达到加热的目的。这种茶炉用起来更加方便快捷。

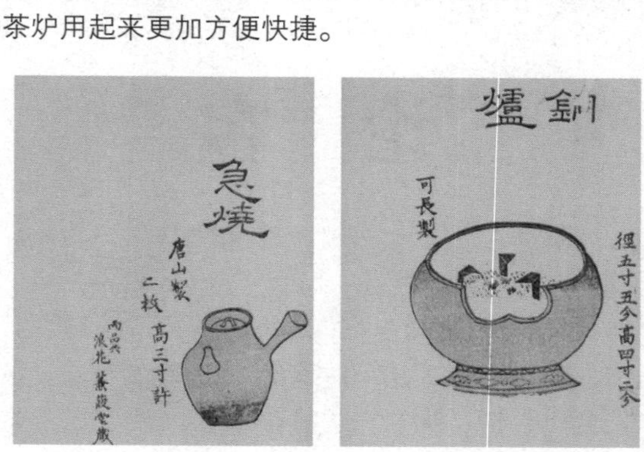

《卖茶翁茶器图》中的茶器

茶　所

原典

小斋之外，别置茶寮[①]。高燥明爽，勿令闭塞。壁边列置两炉，炉以小雪洞[②]覆之，只开一面，用省灰尘腾散。寮前置一几，以顿茶注、茶盂。为临时供具别置一几，以顿他器。旁列一架，巾帨悬之，见用之时，即置房中。斟酌之后，旋加以盖，毋受尘污，使损水力。炭宜远置，勿令近炉，尤宜多办，宿干易炽。炉少去壁，灰宜频扫。总之以慎火防热，此为最急。

注释

① 茶寮：寮，本指僧舍，后延伸为小屋。这里指专门用来饮茶的小屋。

② 雪洞：指用以涂抹房屋的泥。

译文

在居室之外，还可以另外设立茶寮。茶寮的屋要高一些、干燥一些，应明亮清爽，建在空气清新、不闭塞的地方。茶寮里面的墙壁边要并列放置两个茶炉，并用细泥涂抹覆盖好，只敞开茶炉的一面，以防止灰尘扬起散落到茶炉里。茶寮的前面要放置一张茶几，用来搁放茶注和茶盂。对于临时用的器具，可以另外准备一张茶几放置。茶几的旁边放一个架子，上面挂上手巾，当用到的时候，将其放到屋里。当饮完茶之后，要立刻盖好茶具的盖子，以防有灰尘进到里面，破坏水质。煮水的木炭要放在远一些的地方，不要紧挨茶炉。木炭应多准备一些，这样将其放置一夜后，更加干燥，烧起来火更旺盛。茶炉要稍微离开墙壁一段距离，茶炉上的灰尘要经常打扫。总之，使用茶寮时要谨慎，最重要的是防火隔热。

茶寮和茶馆

茶寮是专门供喝茶用的茶室，类似于我们现在的茶馆，二者只是称呼上不同，性

茶　馆

现代茶庄里的茶台

质是一样的。当然，古代和现代在经营方式和内容上是有差别的。茶馆在唐代只是过路客商休息的地方；到了宋代就变成了娱乐的场所；发展到明代，茶馆的品茶方式也发生了变化：从点茶到出泡都可以在茶馆，于是茶馆也变得繁荣起来；清代末期茶馆业逐渐衰落；如今茶馆的内容又丰富起来，人们可以在这里品茶、吃茶点、听戏、聊天议事、休闲等等。

另外，除了茶寮和茶馆的称呼，还有茶楼、茶肆、茶坊、茶社、茶室、茶屋等多种称谓。

原典

岕茶摘自山麓，山多浮沙，随雨辄下，即着于叶中。烹时不洗去沙土，最能败茶。必先盥手令洁，次用半沸水，扇扬①稍和，洗之。水不沸，则水气不尽，反能败茶；毋得过劳，以损其力。沙土既去，急于手中挤令极干②，另以深口瓷合贮之，抖散待用。洗必躬亲，非可摄代。凡汤之冷热，茶之燥湿，缓急之节，顿置之宜，以意消息，他人未必解事。

注释

①扇扬：用扇子扇风。

②挤令极干：将茶叶挤干。

译文

岕茶采自于山脚下，山上有很多浮沙，当下雨的时候就会随着雨水被冲下，于是附着在了茶叶上。所以煮茶时如果不将沙土洗掉，就会败坏茶叶的味道。当采完茶后，要先洗干净手，再取刚开的热水一半，用扇子扇风，使水变凉一些，用这些水来洗茶。如果水没有烧开，水汽就不会全部去掉，用这样的水洗茶会败坏茶；但也不能洗得太过，这样可能会损伤茶的品质。当茶叶上的沙土洗净之后，要迅速将手中的茶叶挤干，然后再抖散，贮放到另一个深口的瓷盒中待用。洗茶时，一定要亲自洗，不能让他人代替。因为关于茶汤的冷热、茶叶的干湿、洗茶的节奏、洗过茶叶的存放等，都要靠个人感觉去把握，其他人未必能领会。

童　子

原典

煎茶烧香，总是清事①，不妨躬自执劳。然对客谈谐，岂能亲莅，宜教两童司之。器必晨涤，手令时盥，爪可净剔②，火宜常宿，

注释

①清事：清雅、优雅。

②爪可净剔：指甲修剪干净。爪，指甲。

量宜饮之时，为举火之候。又当先白主人，然后修事。酌过数行，亦宜少辍，果饵间供。别进浓沉，不妨中品充之。盖食饮相须，不可偏废，甘醲杂陈，又谁能鉴赏也？举酒命觞，理宜停罢，或鼻中出火，耳后生风，亦宜以甘露浇之。各取大盂，撮点雨前细玉，正自不俗。

译文

煎茶与燃香，总归是清雅的事，不妨亲自操作。但当主人跟客人谈得正尽兴的时候，又哪有时间亲自去煎茶呢？这种情况下最好让两个童仆去做。饮茶的器具早晨要洗好，平常要勤洗手，指甲要常修剪。要提前准备好火种，当到了饮茶的时候，就是生火的时机。这时应该先请示主人，然后再去准备煮茶泡茶的事宜。当饮茶过了几轮之后，应当暂停，中间不妨呈上一些果品。另外奉上的酿酒，不要太浓，普通的即可。这是因为食物与饮品是相互依存的，不可以有偏废。但如果将甘甜的茶和酿厚的酒胡乱放在一起，还有谁有心情去赏茶品茶呢？所以饮茶的时候，不应该饮酒。当感觉鼻中干燥有火、耳后生风发热时，也可以通过饮茶达到去火降热的目的。如果主人和客人能各自取用大一点儿的茶盂，撮点谷雨前的细玉茶来品，这自然是一种不俗的雅事。

饮　时

原典

心手闲适，披咏疲倦，意绪棼乱[①]，听歌闻曲，歌罢曲终，杜门避事。

鼓琴看画，夜深共语，明窗净几，洞房阿阁，宾主款狎[②]，佳客小姬。

访友初归，风日晴和，轻阴微雨，小桥画舫，茂林修竹，课花责鸟。

荷亭避暑，小院焚香，酒阑人散，儿辈斋馆，清幽寺观，名泉怪石。

注释

①棼乱：指杂乱、混乱。语出明代方孝孺《叶伯巨郑士利传》：“夫图治于乱世之余，犹理丝于棼乱之后。”

②款狎：亲近、亲切。

译文

最宜饮茶的时间和环境是：身心感到悠闲安逸的时候，披着衣衫吟诵诗歌的时候，思绪纷乱的时候，赏歌听曲的时候，歌曲唱完的时候，关上门逃避某件事情的时候。弹琴赏画的时候，夜深和朋友谈心的时候，窗户明亮、茶几干净的地方，洞房咏诗的时候，主人和客人一起悠闲亲昵地谈天的时候，和美女好友一起聊天的时候；拜访朋友刚回来的时候，天气晴朗、微风轻拂的时候，稍有阴天或下着小雨的时候，在小桥画廊的地方，在茂密高大的竹林里面，赏花逗鸟的时候；在有荷叶的亭子里避暑的时候，在院子里焚香的时候，在筵席结束人都散去的时候，在孩子读书的场所，在清净幽雅的寺庙和道观，在有名泉怪石的地方，这样的时间和地点都适宜饮茶。

北宋赵佶的文会图

赵佶，宋徽宗皇帝，公元 1101 年即位，在朝二十九年，轻政重文，一生爱茶，嗜茶成癖，常在宫廷以茶宴请群臣、文人，有时兴至还亲自动手烹茗、斗茶取乐。亲自著有茶书《大观茶论》，致使宋人上下品茶盛行。喜欢收藏历代书画，擅长书法、人物花鸟画。描绘了文人会集的盛大场面。在一个豪华庭院中，设一巨榻，榻上有各种丰盛的菜肴、果品、杯盏等，九文士围坐其旁，神志各异，潇洒自如，或评论，或举杯，或凝坐，侍者们有的端捧杯盘，往来其间，有的在炭火桌边忙于温酒、备茶，其场面气氛之热烈，其人物神态之逼真，不愧为中国历史上一个"郁郁乎文哉"时代的真实写照。

饮茶雅趣强调人应"精行俭德"，追求一种恬静安适、清心畅神的境界，就是要通过至淡至远至纯的茶味，将人从喧闹的尘世解放出来，让人以冷静的心去看忙乱纷繁的世界，回归到清明的理性和悟性上去，这也许是茶使人获得的一种独特的境界吧。

北宋赵佶的《文会图》

宜辍

原典

作字，观剧，发书柬，大雨雪，长筵大席[①]，翻阅卷帙[②]，人事忙迫，及与上宜饮时相反事。

注释

① 长筵大席：高规格的宴席。

② 卷帙：书籍。

译文

不宜饮茶的情况有：写字时，看戏时，写信寄函时，下大的雨雪时，高规格的宴席上，阅读书籍时，有繁忙急迫的事情时，以及有与以上列举的适宜饮茶的时候相反的事情时。

茶禅一味

佛门弟子也好茶，认为“茶禅一味”，将饮茶功夫与宗教中的参禅悟道融合在一起。曾有一个禅师的弟子问禅师道：“何为佛法？”禅师道：“饮茶去。”又一弟子来问：“何为佛法？”禅师道：“饮茶去。”最后小弟子来问：“何为佛法？”禅师依旧道：“饮茶去。”小弟子不明白，问道：“为何对三人都说饮茶去？”禅以手指心，小弟子突然开悟。因为饮茶就是让你去见到你至淡至纯的本性，本性就是佛，就是佛法。

佛家所谓“见性成佛”，如果你没有见到自己的本性，那么你心中想佛，口中念经，行为上持戒，尽管在功德上可能获得果报，智慧也能够得到增长，但是并没有真正了解自己的本性，没有彻底领会生死的根本，所以也就没有见佛。禅宗认为，佛就在自己心中，而不能到外界去体认。这与饮茶时悠然自适，不多言语，静静体味自然人生的境界不谋而合。

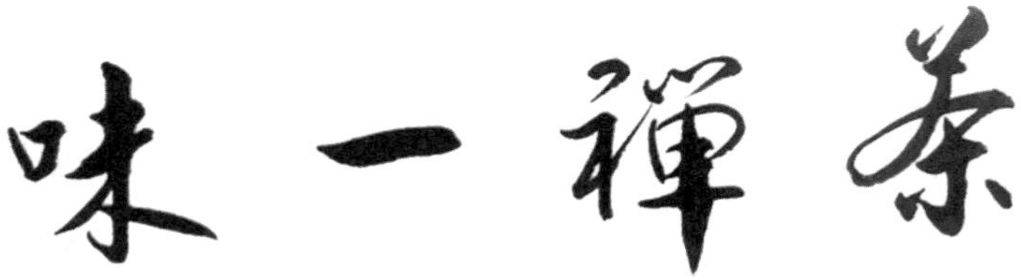

书法

不宜用

原典

恶水，敝器①，铜匙，铜铫，木桶，柴薪，麸炭，粗童，恶婢。

不洁巾帨，各色果实香药②。

注释

① 敝器：劣质的饮茶器具。

② 各色果实香药：明朝的时候，饮茶时不能与其他水果、香料同食，这样才能品尝到茶叶真正的味道。

译文

饮茶的时候，不宜使用：品质恶劣的水，劣质的器具，铜茶匙，铜铫，木桶，木头柴火，烧火的麸子，粗笨的童仆，性情急躁的婢女，不干净的手帕，各种各样的果实和香料。

不宜近

原典

阴室，厨房，市喧，小儿啼野性①人，童奴相哄②，酷热斋舍。

注释

① 野性：个性粗野。

② 童奴相哄：童仆佣人七嘴八舌的。童奴，童仆和佣人。

译文

饮茶的时候，一定要远离以下的人和地方：阴暗的房屋，厨房，喧闹的集市，啼哭的小孩儿，个性粗野的人，七嘴八舌吵闹的童仆和佣人，酷热难耐的房间。

良友

原典

清风明月，纸帐楮衾①，竹床石枕，名花琪树②。

注释

① 纸帐楮衾：纸帐，用藤皮茧纸缝制的帐子。楮衾，纸制的衣服。

② 琪树：原意指仙境中的玉树。这里指外形高大的树木。

译文

清风和明月，纸帐和纸衣，竹床和石枕，名花和琪树，这些都是饮茶的良友。

出　游

原典

士人登山临水，必命壶觞，乃茗碗薰炉，置而不问，是徒游于豪举，未托素交也。余欲特制游装，备诸器具，精茗名香，同行异室。茶罂一，注二，铫一，小瓯四，洗①一，瓷合一，铜炉一，小面洗一，巾副之，附以香奁②、小炉、香囊、匕箸③，此为半肩。薄瓮贮水三十斤，为半肩足矣。

注释

① 洗：古时候的洗盥用具，相当于今天的洗脸盆。

② 香奁：放置香料的盒子。

③ 匕箸：茶匙和筷子。

译文

士人在攀登高山、漫步水边的时候，一定会提前让人准备好酒具，但对于茶具和熏炉却并不关注，这种只不过是庸俗人的摆阔气罢了，绝对不是雅士间的交往。我打算专门制作出游的装备，准备好各种茶具、上等的好茶以及名贵的熏香，一起带着，但会将它们放在不同的地方，隔离开。准备的茶具中包括茶罂一个，茶壶两个，铫一个，小瓯四个，茶洗一个，瓷盒一个，铜炉一个，小脸盆一个，加上手巾，以及香奁、小香炉、香囊、茶匙、竹筷，这些都装在担子的一边。然后再用薄瓮装上三十斤煮茶的水，放在担子的另一边，这样就足够了。

功夫茶器具

陆羽在《茶经》中讲到了二十四式茶具，今天的功夫茶所用的茶具也有十几种。功夫茶是流行于广东潮汕、福建漳泉等地的一种品茶习俗。功夫茶历来讲究品饮功夫，所以被称为“功夫茶”，其所用到的茶具一般包括茶壶、茶杯、茶洗、茶盘、茶垫、水瓶、水钵、龙缸、火炉、砂铫、羽扇、钢筷、茶巾、茶几、茶担等。

茶 杯

茶 洗

权 宜

原典

出游远地，茶不可少。恐地产不佳，而人鲜好事，不得不随身自将。瓦器重难，又不得不寄贮竹箁[①]。茶甫出瓮，焙之。竹器晒干，以箬厚贴，实茶其中。所到之处，即先焙新好瓦瓶，出茶焙燥，贮之瓶中。虽风味不无少减，而气与味尚存。若舟航出入，及非车马修途，仍用瓦缶，毋得但利轻赍[②]，致损灵质。

注释

① 竹箁：笋壳。

② 但利轻赍：只图行装轻快。

译文

出门到远方去游历，茶是必不可少的。但又担心当地出产的茶叶质量不好，而且当地朋友懂茶、喜欢茶的人又不多，所以不得已的情况下只有自己随身携带茶叶。但携带茶叶，如果用陶瓷器具来装就太沉了，不好携带，所以只能用竹篓贮存携带。携带时，先从瓮中取出茶叶，并立即进行烘烤，再将竹篓晒干，同时用箬叶将竹篓里面贴裹厚实，再将茶叶填实到竹篓里面。当到达一个地方后，先烘焙新的陶瓶，再取出竹篓里的茶叶进行烘干，并贮存到陶瓶中。这时虽然茶的味道会稍有减损，但茶气和茶味还是存在的，如果是坐船来回，或者是乘车马出游，但去的地方并不远，这种情况下最好还是用陶瓷器具装茶，不能为了图路程轻快，而减损茶叶的品质。

虎林水

原典

杭两山之水，以虎跑泉为上，芳洌甘腴，极可贵重。佳者乃在香积厨[①]中土泉，故其土气，人不能辨。其次若龙井、珍珠[②]、锡杖[③]、韬光[④]、幽淙[⑤]、灵峰[⑥]，皆有佳泉，堪供汲煮。及诸山溪涧澄流，并可斟酌。独水乐一洞[⑦]，跌荡过劳，味遂漓薄。玉泉[⑧]往时颇佳，近以纸局坏之矣。

译文

在杭州两山的水中，虎跑泉的水是最好的，这里的泉水清香甘甜，极为珍贵。之所以如此，原因在于这是寺院僧厨中的土泉，泉水中的土气一般人是无法分辨出来的。其次，像龙井、珍珠、锡杖、韬光、幽淙、灵峰等地方，也都有品质好的泉水，完全可以用来煮水泡茶。还有众山之间的溪涧、清澈流水，也都可以用来泡茶。唯独水乐洞的水，由于水流太急，味道就有些不够醇和了。以前，玉泉的水质也是非常好的，只是现在受到造纸作坊的污染而被破坏了。

注释

① 香积厨：又称香厨，指寺院的僧厨。

② 珍珠：珍珠泉，在今杭州玉泉附近。

③ 锡杖：指锡杖泉，位于法相寺内。法相寺，位于今杭州三台山东麓。

④ 韬光：指韬光庵，位于今杭州西湖畔的灵隐山内。

⑤ 幽淙：指幽淙岭，在天竺寺内。天竺寺，在今浙江省嵊州市的天竺山的南麓。

⑥ 灵峰：指灵峰寺，位于今浙江省安吉县内。

⑦ 水乐一洞：指水乐洞，位于今杭州市西湖区。

⑧ 玉泉：位于今杭州西湖仙姑山以北的清涟寺里。

杭州虎跑泉

宜 节

原典

茶宜常饮，不宜多饮。常饮则心肺清凉，烦郁顿释；多饮则微伤脾肾，或泄或寒。盖脾土原润[①]，肾又水乡，宜燥宜温，多或非利也。古人饮水饮汤，后人始易以茶，即饮汤之意。但令色、香、味备，意已独至，何必过多，反失清洌乎？且茶叶过多，亦损脾肾，与过饮同病。俗人知戒多饮，而不知慎多费[②]，余故备论之。

注释

① 原润：原本是湿润的。

② 多费：应放入茶叶的量。

明文征明《惠山茶会图》

译文

茶适合经常饮用，但不适合饮用太多。经常饮用茶水能够使人心肺清爽，快速消除烦忧；但若饮用太多，就会使脾肾受到轻微损害，所以有人喝多了会腹泻。这是因为脾五行属土，原本是湿润的，而肾又像水乡一样多水，所以脾肾要保持适度的干燥和温和，而过度饮茶会破坏这种情况，于是对人体产生不利影响。在古老的时代，人们只是用喝水喝汤来解渴，并不饮茶，后来人们才开始用饮茶来代替，但其用意仍与喝汤一样。事实上，对于饮茶，只要使其色、香、味具备了，也就达到了饮茶的目的，所以又何必饮用太多呢？这样反而品尝不到茶的清洌的味道。此外，茶叶也不宜放得太多，否则也会伤害脾肾，这与过量饮茶是同样的道理。一般人只知道饮茶不要过量，却不懂得茶叶放入的量也应该注意，对于饮茶的全面的论述，我就讲这些吧。

辨讹

原典

古今论茶，必首蒙顶①。蒙顶山，蜀雅州山也，往常产今不复有。即有之，彼中夷人专之，不复出山。蜀中尚不得，何能至中原、江南也。今人囊盛如石耳②，来自山东者，乃蒙阴山③石苔，全无茶气，但微甜耳，妄谓蒙山茶。茶必木生，石衣得为茶乎？

注释

① 蒙顶：指蒙顶山茶，位于今四川省雅安市境内。

② 石耳：指附着在石头表面的苔藓类的植物。

③ 蒙阴山：即蒙山，位于今山东省蒙阴县以南。

译文

无论是古人还是今人，在评论茶叶的品质时，首先推崇的必是蒙顶茶。蒙顶山位于四川雅安境内，以前出产了大量的茶叶，但如今已没有了。即使有，也被当地人拿来自己享用了，而不再运出山出售。四川人尚且得不到蒙顶茶，中原和江南人更无法得到了。现在的人用袋装的、看起来像石耳一样的、产自山东的所谓蒙顶山茶，实际只不过是山东蒙阴山出产的石苔，喝起来一点茶味都没有，只是稍微有点发甜，但就是这样的东西却妄称为“蒙山茶”。茶本是由木本而生出来的，石衣又怎么能称之为茶呢？

蒙顶山茶

“扬子江心水，蒙山顶上茶”，蒙顶山茶自唐朝起就被列为“贡茶”，而追溯其茶史，早在三千多年前的西周初期，蒙顶山就以盛产茶而闻名。而且蒙顶山还是我国名茶的发祥地，是我国历史上有文字记载人工种植茶叶最早的地方。蒙顶山茶“味甘而清，色黄而碧，酌杯中，香云罩覆，久凝不散”，因此有“仙茶”的称誉，唐朝大诗人白居易就特别钟爱蒙顶山茶，赞誉其“琴里知闻唯《渌水》，茶中故旧是蒙山”，将蒙顶山茶当作自己的老朋友般喜爱。

如今，蒙顶山茶是四川蒙山各类名茶的总称，这里不但有传统的名茶，同时也新创制了很多茶品，其中最好的有“蒙顶甘露”“蒙顶黄芽”等。现在这些茶的品质甚至已超过昔日的“贡茶”了。

蒙顶山茶产业园

考 本

原典

茶不移本，植必子生①。古人结婚，必以茶为礼，取其不移、植子之意也。今人犹名其礼曰下茶②。南中夷人定亲，必不可无，但有多寡。礼失而求诸野，今求之夷矣。

注释

① 茶不移本，植必子生：意思是茶不能移栽，必须利用茶籽繁殖。因为古代人认为培育茶树只能采用育籽的有性繁殖方法。

② 下茶：古代的时候，结婚时男方送的聘礼称为“下茶”，女子受的聘礼则称为“受茶”。

译文

茶树不能够移栽，其种植必须利用茶籽繁殖。古代的人在结婚时，茶是聘礼的必选物品，这是取自茶的“不移”和“植子”的含义。如今人们还将这种礼节称为“下茶”。南中地带的夷人在定亲时，也必须有茶，只是茶的多少是有区别的。古语说，如果上层社会的礼制丧失，就要到民间去寻求这种丢失的礼仪和文化，现在我们则是求之于夷人了。

茶与婚俗

在中国，茶与婚姻有着密切联系，宋朝的时候，就已经将茶作为彩礼必不可少的重要礼物，并称之为“吃茶”，俗称“女子受聘”。而在明朝时则有了“定亲茶”，据清代人福格在《听雨丛谈》卷八中说：“今婚礼行聘，以茶叶为币，清汉之俗皆然，且非正室不用。”这些婚礼直到今天仍流传于中国很多地方，比如有些农村仍将订婚、结婚称为“受茶”“吃茶”，将订婚的定金称为“茶金”，将彩礼称为“茶礼”等；在湖南浏阳一带有“喝茶定终身”的风俗，即年轻的男女双方由媒人约定好日期，然后领着男方到女方家见面。如果女方同意这门亲事，就会端茶给男方喝；如果男子同意这门亲事，则要在喝茶后在杯子里面放上“茶钱”，茶钱多少不限，但必须是双数，这样这桩婚姻就有成功的希望了；而在闽南和台湾地区，茶树象征着缔结同心、至死不移的意思，据郎英的《七修类稿》和陈跃文的《天中记》中记载：“凡种茶树必下子，移植则不复生，故旧聘妇必以茶为礼，义固有所取也。”这些各地不同的婚俗其实都是旧时婚礼的遗迹。

婚礼专用茶礼茶具

端 茶

后 论

原典

余斋居无事，颇有鸿渐之癖①。又桑苎翁所至，必以笔床、茶灶自随。而

注释

① 鸿渐之癖：饮茶的癖好。鸿渐，本指鸿鹄飞翔从低到高，循序

友人有同好者，数谓余宜有论著，以备一家，贻之好事。故次而论之，倘有同心，尚箴余之阙②，葺而补之，用告成书，甚所望也。次纾再识。

渐进，这里指饮茶一事。

②阙：缺失，不好的地方。

译文

我在家里没有什么事做，唯独有跟陆羽一样的饮茶癖好。陆羽每到一个地方，必定会随身携带上笔床、茶灶，以便在饮茶有心得的时候及时记录下来。所以那些和我一样有着爱茶嗜好的友人，便多次劝我要像陆羽一样，对饮茶有所论著，以备一家之言，同时还可以赠送给那些喜欢茶的人看。于是我就听从朋友的劝说，将自己关于茶的想法记述下来，写成了这部书。如果有与我同心的人，看完书请告诉我该书不足的地方，并代为补充修订，以便使此书能够宣告完成，这也是我所希望的。次纾再记。

茶境